Maren Hoffmann
Verena Töpper

ARBEITE DOCH, WO DU WILLST!

Die neue Freiheit im mobilen Büro: Coworking, Tiny Offices und Workation

 PENGUIN VERLAG

Penguin Random House Verlagsgruppe FSC® N001967

1. Auflage
Copyright © 2023 by Penguin Verlag
in der Penguin Random House Verlagsgruppe GmbH,
Neumarkter Straße 28, 81673 München,
und SPIEGEL-Verlag Rudolf Augstein GmbH & Co. KG,
Ericusspitze 1, 20457 Hamburg,
Karte: Peter Palm, Berlin
Bildbearbeitung: Lorenz & Zeller, Inning
Umschlaggestaltung: Hafen Werbeagentur, Hamburg
Umschlagabbildungen: Shutterstock
Satz: Buch-Werkstatt GmbH, Bad Aibling
Druck und Bindung: CPI books GmbH, Leck
Printed in the EU
ISBN 978-3-328-10946-4
www.penguin-verlag.de

Inhalt

Vorwort

Die neue Freiheit

Wir erleben gerade einen historischen Moment in der Gestaltung unseres Arbeitslebens. Die Coronapandemie hat uns gezwungen, Arbeitsorte neu zu denken. Es war eine stille Revolution, viele haben sie nur widerwillig mitgemacht, aber in Sachen Digitalisierung haben wir alle in wenigen Monaten geschafft, wofür Experten viele Jahre veranschlagt hatten: Wir haben bewiesen, dass ein sehr großer Teil unserer Arbeit nicht zwangsläufig vor Ort im Unternehmen geleistet werden muss – sondern dass viele von uns von überall aus arbeiten können.

Als Redakteurinnen des SPIEGEL-Verlags verfolgen wir diese Entwicklungen genau – zum einen beruflich, denn wir schreiben vorwiegend über Job- und Karrierethemen, zum anderen privat. Auch für uns wäre es noch vor fünf Jahren undenkbar gewesen, das Büro in Hamburg gegen einen Coworking-Space in Nordhessen zu tauschen oder gegen ein Ferienhaus in Portugal. Nun haben wir genau das getan.

In den vergangenen zwei Jahren haben wir viele neue Erfahrungen gesammelt, durch Selbstversuche, aber auch durch unzählige Gespräche mit Menschen, die neue Arbeitswelt erforschen, erproben oder einfach nur erleben. Und wir haben gemerkt: Die neue Freiheit des Arbeitens stellt uns auch vor große Herausforderungen. Wie wollen wir künftig Teams zusammenhalten? Wie gelingt Führung auf Distanz? Wie viel Bürofläche brauchen wir noch? Neue Freiheiten bringen neue Fragen mit sich, die wir im SPIEGEL regelmäßig aufgreifen. Für dieses Buch haben wir die besten

Geschichten aus den vergangenen zwei Jahren zusammengestellt, aktualisiert und durch weitere ergänzt. Herausgekommen ist eine Reise durch die neue deutsche Arbeitswelt.

Dass der vielerorts lange nicht infrage gestellte Zwang zum pünktlichen Erscheinen in der Firma wegfällt, ist für viele Menschen ein Befreiungsschlag. Aber nun müssen wir uns klar darüber werden, wofür wir unsere gewonnene Freiheit nutzen wollen. Darüber, wie jeder und jede Einzelne von uns in Zukunft arbeiten will.

Die Menschen in diesem Buch haben sehr unterschiedliche Antworten darauf gefunden. Es gibt nicht die eine Lösung, die für alle taugt. Es gibt eine große Vielfalt an Bedürfnissen und Wünschen, die je nach Veranlagung, Familiensituation und Lebenslage grundverschieden ausfallen kann. Für die einen ist die Arbeit im geschäftigen Coworking-Space genau das Richtige, andere ziehen sich lieber in ein Tiny House im eigenen Garten zurück oder nehmen ihre Arbeit mit aufs Wasser.

Nicht jedem und jeder ist von vornherein klar, welcher Ort die ideale Umgebung für die eigene Tätigkeit bietet. Aber da können wir helfen: Zum einen mit Inspiration, zum anderen aber auch mit Adressen und einem großen Selbsttest, mit dem Sie ganz einfach herausfinden können, welche Faktoren für Sie am wichtigsten sind – und in welcher Umgebung Sie wohl am besten arbeiten können.

Und auch für Führungskräfte haben wir eine Botschaft: Nehmen Sie den Wunsch nach größerer Flexibilität bei der Wahl des Arbeitsorts ernst. Denn sonst senden Sie ein fatales Signal an Ihre Mitarbeiter*innen: »Wir trauen dir nicht zu, selbst zu beurteilen, von wo aus du deine eigene Leistung am besten auf die Kette kriegst. Wir wissen eher als du, wie und wo du gut arbeiten kannst. Besser, wir sehen dir auf die Finger.« Gleichzeitig wird aber in fast jedem Job, in fast jedem Unternehmen von Arbeitnehmer*innen erwartet, dass sie sich wie souveräne Problemlöser*innen verhalten und sich flexibel anpassen an eine Welt, die sich ständig schneller dreht. Das passt nicht zusammen.

Arbeitgeber*innen, die ihre Belegschaft zur Präsenz im Firmenbüro zwingen, bringen gern das Gerechtigkeitsargument. Sie wittern Unfrieden: Wenn die Kolleg*innen in der Produktion jeden Tag zum Schichtdienst antanzen müssen, könnten sie neidisch werden auf die, die sich zu Hause im Bademantel den ersten Kaffee gönnen, während sie selbst schon im Frühbus sitzen. Ja, das könnten sie. Aber was bringt es der Schichtarbeiterin, wenn nebenan in der Verwaltung jemand schlecht gelaunt am Schreibtisch sitzt, der genauso gut zu Hause sein könnte? Wertet das ihren Job auf? Verbessert es ihre Position?

Unternehmen haben ohnehin eine Vielzahl an Asymmetrien, die in der Regel nicht problematisiert werden: Jobs erfordern unterschiedliche Fähigkeiten, Gehälter sind unterschiedlich hoch. Warum muss dann beim Arbeitsort Gleichheit herrschen? Wir haben jetzt die Chance, eine Arbeitswelt zu bauen, die der Tatsache Rechnung trägt, dass Menschen in der Regel selbst wissen, was sie wollen und was sie können. Im Idealfall funktioniert das wie beim Augenoptiker, der beim Anpassen der neuen Brille fragt: Ist es so besser? Oder doch eher so? Und dann so lange zwischen verschiedenen Gläsern hin und her wechselt, bis man herausgefunden hat, welches am besten funktioniert. Genau wie bei der Brille muss man von Zeit zu Zeit überprüfen, ob noch alles passt. Aber das finale Okay gibt am besten diejenige, die die Brille dann tragen soll – und die Arbeit leisten.

Denn die Frage, wie wir arbeiten wollen, ist untrennbar mit der Frage verquickt, wie wir leben wollen. Plötzlich wird eine Vielfalt von Lebensentwürfen sichtbar, die in der alten Arbeitswelt von der alles gleichmachenden grauen Nadelfilz-Auslegeware in den Büroetagen verdeckt war. Die Menschen in diesem Buch zeigen, wie Arbeit und Freizeit vereinbar sind. Wie sich Chef*innen überzeugen und Hürden umschiffen lassen, im wörtlichen Sinn. Wir haben mit Menschen gesprochen, die auf Booten arbeiten, in Vans oder Wohnmobilen. Die ihr Büro in ein stylisches Gartenhäuschen verlegt haben oder in eine Villa in Kroatien. Und ein sechsmonatiger Selbstversuch führte uns von der Stadt aufs Land, wo sich plötzlich neue Chancen auftun: Wozu astronomische Mietpreise in den Metropolen zahlen, wenn man nun überall arbeiten kann?

Wir möchten Sie mitnehmen auf eine Reise durch neue Arbeitsorte in der Stadt, auf dem Land, am Wasser. Damit Sie auf dieser Reise nicht allein sind, machen wir zwischendurch immer wieder halt, um gemeinsam mit Expert*innen verschiedener Fachbereiche auch mögliche Schwierigkeiten und Probleme zu bedenken und Lösungsansätze aufzuzeigen: Wir geben Steuertipps, erklären, was Sie arbeitsrechtlich beachten müssen, wenn Sie eine Zeit lang aus dem Ausland arbeiten wollen, und mit welchen Argumenten sich skeptische Vorgesetzte überzeugen lassen. Wir zeigen Techniken zur Selbstorganisation und wie Sie mit einfachen Mitteln Ihre Daten schützen können, wenn Sie an öffentlichen Orten arbeiten.

Wir helfen Ihnen, den für Sie perfekten Arbeitsort zu finden. Also, worauf warten Sie noch?

Ins Grüne

»Je enger die Welt wird, umso stärker der Wunsch nach einem heiligen Zuhause. Nach einem Garten, dem Geruch von Erde und einem Fasan.« Mit diesen Worten kommentierte die Schweizer Schriftstellerin Sibylle Berg 2012 die damals rasanten Verkaufserfolge des Magazins »Landlust«. »Wenn ich schon die Welt nicht verändern kann, so doch mein Beet«, schrieb sie. Der Satz hat an Aktualität nichts verloren.

Wir leben in einer hektischen und komplizierten, mitunter auch grausamen Welt. Auf Monitoren aller Größen verfolgen wir das Leid all derer, die unter Krieg, Hungersnöten, Terrorregimes und unheilbaren Krankheiten leiden. Wie herrlich erfrischend, wie still und berechenbar scheint da die Natur. Erde umgraben, Äste kappen, Pflänzchen säen – immer ist das Ergebnis der eigenen Arbeit fast sofort sichtbar. Und im besten Fall schmeckt es auch noch gut.

Je turbulenter, gefährlicher und komplizierter uns die Welt da draußen vorkommt, desto mehr wollen wir zurück zur Einfachheit. So erklärt sich auch Deutschlands wohl bekanntester Förster Peter Wohlleben den Erfolg seiner Bücher, in denen er unter anderem »das geheime Leben der Bäume« beschreibt. Der gleichnamige Millionen-Bestseller wurde sogar verfilmt.

Kettensäge anschalten, sägen und der Baum fällt um. Holz sammeln, anzünden und es wird warm. Solche Kausalketten können weder von einem mutierten Virus noch von den Launen der Weltmärkte unterbrochen werden.

Die Sehnsucht danach reicht in Deutschland weit zurück. Um das Jahr 1800 begründete eine junge Generation Schriftsteller*innen die Geistesbewegung der Romantik. Friedrich Freiherr von Hardenberg alias Novalis, Ludwig Tieck, Caroline Schelling und die Brüder Schlegel waren enttäuscht vom Ausgang der Französischen Revolution, all den nicht eingelösten Versprechen von Freiheit, Gleichheit, Brüderlichkeit und den Härten der Industrialisierung. Der Entzauberung der Welt setzten sie den Zauber der Natur entgegen. Und auch mehr als 200 Jahre später kommen alle, die auf der Suche nach einem Ruheort oder Fluchtpunkt sind, unweigerlich irgendwann dort an: auf dem Land.

Walden steht nicht mehr nur für das berühmte Buch des querköpfigen Naturfreunds und Sklaverei-Gegners Henry David Thoreau, sondern ist mittlerweile auch der Titel einer Männerzeitschrift für Outdoor-Enthusiasten. Die Wartelisten für Schrebergärten sind heutzutage noch länger als die für Kinderschwimmkurse. Menschen verabreden sich zum »Waldbaden«, um zu sich selbst zu finden, und zum Kettensägekurs, um auf neue Gedanken zu kommen.

Deutsche Großstädte haben im Jahr 2021 durch Umzüge so deutlich an Bevölkerung verloren wie zuletzt 1994. Die Arbeitswelt ist im Umbruch, und immer mehr Städter stellen sich die berechtigte Frage: Wofür zahlen wir eigentlich so viel Miete? Für all den Dreck, den Lärm und die Enge? Warum im Homeoffice in der Zweizimmerwohnung am Küchentisch kauern, wenn man wenige Hundert Kilometer weiter für weniger Miete in einem großen Haus mit Garten leben könnte?

Projekte wie der »Summer of Pioneers« locken Städter*innen, die sich solche Fragen stellen, in ländliche Regionen, die gemeinhin als abgehängt gelten. Vom Neuanfang zwischen Gemüseacker und Digitalarbeit sollen beide Seiten profitieren: die Stadtflüchtigen und die Einheimischen. Denn vielerorts lässt sich auf dem Land der Donut-Effekt beobachten: Die Stadtkerne sind wie ausgestorben, und drum herum entstehen immer weitere Neubau- und Gewerbegebiete. Wenn nun Neuzugezogene auf einmal die Innenstädte für sich entdecken, dort arbeiten, essen, einkaufen, dann haben alle etwas davon, so die Hoffnung. Ob sich diese erfüllt? Dieser Frage gehen wir unter anderem in diesem Kapitel nach.

Wir lassen den Blick schweifen über saftig grüne Wiesen und Wälder. Ein Flüsschen rauscht, ein Specht klopft – und dazu klackern leise die Tasten der Laptops. Ist das da in der Ferne etwa ein Reh? Bevor Sie jetzt entsetzt das Buch zuschlagen, weil Sie sich in einem Rosamunde-Pilcher-Film wähnen, lassen Sie uns die Szene erklären: die Beteiligten nennen es »WoooDay«: Working Out Of Office Day, ein Arbeitstag im Grünen. Einmal im Monat wechseln die Angestellten einer Münchner Digitalagentur ihre höhenverstellbaren Schreibtische und Bürostühle gegen Baumstümpfe, Picknickdecken und die Rückbank eines Vans. Kann man so produktiv arbeiten? Auch um diese Frage wird es hier gehen.

In diesem Kapitel kommen Menschen zu Wort, die mutig sind. Die ihren Träumen folgen und ausbrechen aus einem Leben im Konjunktiv: Aus »Ich könnte, müsste, sollte doch mal« wird »Ich mach das jetzt einfach«.

»Man bereut nie, was man getan, sondern immer, was man nicht getan hat.« Dieses Zitat hat eine steile Karriere als Wandtattoo hinter sich, wahlweise wird es dem römischen Kaiser Marc Aurel oder dem US-Schriftsteller Mark Twain zugeschrieben. Aber bevor wir zu sehr abschweifen, folgen Sie uns doch lieber auf unsere Landpartie, einmal quer durch Deutschland.

Landleben im Selbstversuch

Von Hamburg nach Homberg: Der »Summer of Pioneers«

Auf dem Schrank in unserem neuen Schlafzimmer klebt ein Aufkleber mit einem Adler und der Aufschrift »Amtsgericht Königs Wusterhausen«. Die Kleiderstange reicht nicht wie üblich von der linken zur rechten Seite, sondern von vorne nach hinten. Für Roben, bei denen eine aussieht wie die andere, mag das praktisch sein. Für normale Kleidung eher nicht, denn so sieht man nicht, was weiter hinten hängt.

Zwischen Königs Wusterhausen und Homberg/Efze, unserem neuen Wohnort, liegen mehr als 400 Kilometer. Wie der Schrank hierhergekommen ist, weiß keiner so genau. Die Stadt, unser Vermieter, hat ihn für uns von einem Schrotthändler geliehen. In sechs Monaten bekommt er ihn wieder zurück. Auch die leicht gefleckte Sofagarnitur in unserem Wohnzimmer soll dann wieder dahin, wo sie herkommt: ins Sozialkaufhaus. Und auch wir werden in einem halben Jahr nicht mehr hier sein. Voraussichtlich.

Mein Partner, unsere zweijährige Tochter und ich wollen für sechs Monate das Leben auf dem Land testen. Denn wozu in der Metropole wohnen, wenn man dank Corona jetzt von überall aus arbeiten kann? Zusammen mit 19 anderen Großstädtern aus ganz Deutschland sind wir Anfang Mai 2021 nach Nordhessen gezogen, genauer gesagt nach Homberg/Efze, ein 14 000-Einwohner-Städtchen, dessen Namen wir bislang nur vom Vorbeidüsen auf der nahe gelegenen A7 kannten.

Wir alle sind Teil des »Summer of Pioneers«, einem Programm, das Stadt und Land auf innovative Weise zusammenbringen will. 150 Euro pro Person und Monat, das ist der Pauschalpreis für einen sechsmonatigen Landleben-Test. Darin enthalten: Wohnen und ein Platz im Coworking-Space, beides inklusive Nebenkosten, Strom, Wasser, Internet. Im Gegenzug für die günstige Miete erwarten die Kommunen von den Großstädtern kreative Projekte zur Belebung der Innenstädte und Ideen für die Nutzung brachliegender Flächen.

Das Projekt startete 2019 in Wittenberge in Brandenburg, seither haben sieben weitere Gemeinden mitgemacht: Altena in Nordrhein-Westfalen, Tengen in Baden-Württemberg, Homberg/Efze in Hessen, Herzberg/Elster in der Lausitz in Brandenburg, Mittweida in Sachsen und Lichtensteig in der Schweiz.

Für Hilfe bei der Organisation des Projekts, die Auswahl der Teilnehmer*innen und das Community-Management vor Ort zahlen die Kommunen eine Gebühr an Frederik Fischers Beratungsagentur Neulandia. Der ehemalige Journalist aus Berlin kümmert sich seit einigen Jahren hauptberuflich um das Thema gemeinwohlorientierte Stadtentwicklung und hatte 2019 die Idee zum »Summer of Pioneers«.

Homberg hat eine wunderschöne Altstadt mit uralten Fachwerkhäuschen – und vielen leeren Schaufenstern. An die Löwenapotheke erinnern nur noch die silbernen Lettern an der Fassade, auch vom Reisebüro Schmidt, der Bäckerei Weber, der Fleischerei Scherer, dem China-Imbiss Hongkong und dem Nähmaschinenladen Hühnert sind nur noch die Schilder und Schriftzüge erhalten. Die Apotheke ist jetzt im Shoppingcenter jenseits der Altstadt untergebracht, gleich neben Supermarkt und Discounter, mit großem Parkplatz davor. Zum Einkaufen fahren die Homberger jetzt ins Shoppingcenter. Oder sie bestellen gleich im Internet.

Mehr als tausend Einwohner*innen hat Homberg in den vergangenen 20 Jahren verloren. Das Durchschnittsalter hat sich in dieser Zeit um knapp fünf Jahre erhöht, mehr als jeder Vierte ist älter als 60. Es ist ein altbekanntes Phänomen auf dem Land: Die Jungen wandern ab, die Alten bleiben. In den Innenstädten schließen die Läden, an den Ausfallstraßen entstehen riesige Industriegebiete. Wenn neu gebaut wird, dann meist im Umland auf grünen Wiesen. Das geht schneller und ist günstiger als Renovieren – und hat den Vorteil, dass Parkplätze gleich großzügig mit eingeplant werden können. Aber es bedeutet auch, dass die Zentren verfallen. Das Leben verlagert sich in die Speckgürtel. In der Stadtentwicklung bezeichnet man dieses Phänomen als »Donut«-Effekt: außen fett, innen leer.

Fertighäuser statt Fachwerkhäuschen, heißt die Devise. Die bröckelnden Gebäude bekommen statt neuer Balken höchstens Herzchen auf Instagram spendiert – von Menschen wie mir. Hamburg hat in den vergangenen 20 Jahren mehr als 150 000 Menschen dazugewonnen. Ich bin eine dieser 150 000. Aufgewachsen bin ich im Rheingau, nach Stationen in Wien und Berlin bin ich 2011 in Hamburg gelandet. Ich mietete eine schicke Neubauwohnung in der Innenstadt, nicht weit vom SPIEGEL-Büro. Weder das vergammelte Parkhaus gegenüber noch der Straßenlärm störten mich, sogar den schwarzen Staub auf dem Balkon wischte ich gleichmütig alle zwei Tage weg. Nach einer durchtanzten Nacht im Morgengrauen die Elbe entlang nach Hause laufen zu können und zum Einkaufen nicht weniger als die gesamte Mönckebergstraße zur Auswahl zu haben, das war es mir wert.

Ich liebte dieses Leben – bis unsere Tochter zur Welt kam und Corona die Welt auf den Kopf stellte. Plötzlich waren da nur noch der Dreck und der Lärm und die Enge. Die Spielplätze völlig überlaufen, der Spazierweg um die Alster so voll, dass er einem Gänsemarsch glich. Mit meiner Tochter saß ich im trostlosesten aller Innenhöfe und konnte selbst kaum glauben, dass ich für diesen Albtraum in Beton jeden Monat so viel Miete zahlte.

Ich fing an, meine Schulfreund*innen zu beneiden, die ich bislang für ihre Reihenhäuser mit den handtuchbreiten Gärtchen belächelt hatte. In Hamburg sind die Wartelisten für Schrebergärten so lang, dass viele die Namen von Interessent*innen schon gar nicht mehr notieren wollen.

In Homberg haben wir einen Garten geschenkt bekommen. Er liegt am Waldrand im Schatten alter, knochiger Bäume und ist so weitläufig, dass sich mehrere Familien dort aufhalten könnten, ohne sich überhaupt zu sehen. Was allerdings auch daran liegt, dass der Garten komplett verwildert ist. Aber das machts nichts, denn in unserer Gruppe der Landleben-Tester gibt es genug Menschen, die sich genau danach sehnen: zupacken, mit den Händen in der Erde wühlen, Gestrüpp herausreißen. Der Garten, den offenbar so viele Jahre niemand hat haben wollen, wird wieder geliebt.

Genau solche Win-win-Situationen wollte Frederik Fischer schaffen, als er 2019 den »Summer of Pioneers« ins Leben rief, um Großstadtmüde aufs Land zu bringen. Er berät Kommunen und Firmen und baut zusammen mit einem Architekturbüro sogenannte »Ko-Dörfer«, kleine Siedlungen mit Gemeinschaftsräumen und Selbstversorgergärten, in denen »urbanes Leben auf dem Land« möglich sein soll. Ein Leben ohne Nachbar*innen, die hinter Gardinen hervorschielen, AfD-Wähler und Funklöcher, dafür mit Gemeinschaftsküche, Leihlastenrädern, Coworking-Space und Flat White – all den Dingen eben, die Menschen wie ich in den Metropolen lieben.

Wer wo wohnt, wurde von unserem Vermieter, der Stadt, entschieden – vor allem nach praktischen Kriterien. Ein schmuckes Häuschen, in dem früher im Erdgeschoss die Touristeninformation war, wurde an eine Familie aus Darmstadt vergeben, weil ihre Körpergröße mit den niedrigen Querbalken vermeintlich am besten vereinbar war. Das ehemalige Standesamt hat drei gleich große Zimmer und eine Küche, schwups, wurde eine WG daraus.

100 Quadratmeter für 500 Euro Miete

Fast alle Wohnorte standen vor unserer Ankunft leer oder wurden als Büros genutzt. Die Stadt hat sie mit Büromöbeln, Tellern und Tassen aus diversen Beamtenstuben und Möbeln aus dem Sozialkaufhaus ausgestattet. »Wir wollten die Kosten so gering wie möglich halten«, sagt Nico Ritz, Hombergs Bürgermeister.

Unsere Wohnung in einem mehr als 200 Jahre alten Fachwerkhaus ist eine der wenigen, die auch vor unserem Einzug schon regulär vermietet wurde. Sie könnte mit jeder Berliner Altbauwohnung mithalten: wunderschöner Dielenboden, fein verzierte Tür- und Fenstergriffe, neue Dusche und Küche. Eine andere Familie aus Hamburg hat es noch besser getroffen: Sie wohnt nun im Pfarrhaus mit eigenem Garten samt Sandkiste. Es stand sieben Monate leer.

Die meisten Pionier*innen behalten während der sechs Monate ihre Wohnung in der Großstadt; wer keinen Untermieter gefunden hat, muss doppelt Miete stemmen. In Hamburg kostet eine 80-Quadratmeter-Wohnung in zentraler Lage schon mal um die 2000 Euro kalt. In Homberg kriegt man 100 Quadratmeter schon für 500 Euro. Besser leben für weniger Geld, wer würde das nicht wollen?

Unsere Jobs haben wir mitgebracht

Mehr als hundert Großstädter*innen hatten sich für die 20 Plätze in Homberg beworben, berichtet Jonathan Linker, der zusammen mit Frederik Fischer den »Summer of Pioneers« in Homberg/Efze koordiniert.

Ein auf Drohnenaufnahmen spezialisierter Kameramann ist hier dabei, ein Software-Entwickler, mehrere Projektleiter, PR-Spezialistinnen und Agenturgründer. Im weitesten Sinne machen die meisten von uns »irgendwas mit Medien«, was aber auch in der Natur der Sache liegt: Wir haben fast alle unsere festen Jobs mitgebracht. Einen Laptop und eine Internetverbindung, mehr brauchen wir nicht.

Ausgesucht habe er uns vor allem nach der Kompatibilität für die Gruppe, sagt Linker. Auf die Frage, wie viel die Stadt der »Summer of Pioneers« kostet, möchte Bürgermeister Ritz keine Summe nennen: Die Kosten hielten sich in Grenzen, sagt er, und so genau könne man das auch gar nicht rechnen, denn »alles, was jetzt für die Pioniere geschaffen wird, soll ja auch nach Projektende weitergenutzt werden«. Der »Summer of Pioneers« sei »ein wichtiger Baustein in der Stadt- und Regionalentwicklung«. Und klar ist auch: Eine professionelle Agentur mit der Wiederbelebung der Altstadt zu beauftragen, wäre wohl viel teurer – bei gleichzeitig einem Bruchteil unserer Leidenschaft.

Homberg soll von uns profitieren

Die ersten Projektgruppen gab es schon nach wenigen Tagen. Einmal die Woche treffen sich alle im Videochat und berichten über die Fortschritte. Ich mische unter anderem mit bei der Open-Air-Kino-AG. Schon nach drei Treffen steht der erste Termin: ein Wanderkino zeigt auf dem Marktplatz Stummfilme mit Livemusik.

Katrin Hitziggrad, Immobilienfachwirtin und Mitpionierin aus Jena, hat schon in ihrer Heimatstadt Plattenbauten, verfallene Villen und leere Gewerbeflächen in Ateliers, Pop-up-Stores und Gemeinschaftsbüros verwandelt. »Ich will Immobilien anders denken, offener, bunter, vielfältiger«, sagt sie. Sie sieht all die leeren Ladenzeilen nicht als traurige Mahnmale, sondern vor allem als Chancen: »Hier kann man wirklich mal was voranbringen und sich kreativ ausleben. In vielen Großstädten ist dafür kaum noch Platz.«

Die Altstadt mit mehr Leben zu füllen, darüber würde sich auch Bürgermeister Ritz freuen. »Wir werden all die Ladenflächen in der Altstadt nicht wieder mit Geschäften füllen können«, sagt er. »Das wird einfach nicht funktionieren. Aber wir haben jetzt die Möglichkeit, uns alternative Nutzungsideen auszudenken.«

Für unsere Gruppe wurde dort, wo einst die »Manufaktur Modewaren & Confection« war, ein Coworking-Space eröffnet, in dem auch noch gearbeitet werden soll, wenn wir längst abgereist sind. »FachWerkerei« heißt er, eine Anspielung auf die Fachwerkbauweise des Hauses. Säulen aus Metall stützen die uralten Deckenbalken, die roten Backsteine der Mauern sind an einer Seite unverputzt. Auf einem Empfangstresen sind Zeitschriften und Süßigkeiten dekoriert, in dem großen Raum dahinter stehen acht höhenverstellbare Schreibtische, blank geputzt, noch nicht mal ein Post-it klebt darauf.

Die Schreibtische sind zu Zweierblöcken gruppiert, nur ein halbhoher Sichtschutz trennt die Gegenübersitzenden. Aber an Nähe stört sich hier niemand. Wer hierher zum Arbeiten kommt, sucht die Gesellschaft. Partner*innen sind schnell gefunden in diesem Coworking-Space. Das gilt fürs Essen, aber auch für Schwimmbadbesuche, Fahrradtouren oder Hilfe mit Computerprogrammen. Irgendwer weiß immer Rat, hat das passende Ladekabel dabei oder zumindest eine Idee, wo man suchen oder wen man fragen könnte. Es ist ein Modell, das fortleben soll.

Homberg soll von uns »Pionier*innen« profitieren.

Pioniere – das Wort ist in unserer Gruppe unbeliebt. Es klingt zu sehr nach Missionierung und Unterdrückung von Ureinwohnern. »Homies« ist die kuschelige Alternative, auf die sich alle schnell einigen konnten.

Zentraler Treffpunkt der Homies ist neben dem Coworking-Space die ehemalige Löwenapotheke. Sie beherbergt jetzt eine Gemeinschaftsküche und zwei Waschmaschinen.

Wer wann wäscht, koordinieren wir Homies in einem eigenen Slack-Channel. Wobei ich gestehen muss, dass der Gedanke daran, mit der dreckigen Wäsche von drei Personen zwei Stockwerke hinunter, quer über den Marktplatz und mit der nassen Wäsche den

Weg wieder zurücklaufen zu müssen, mich wochenlang gequält hat. Unsere Lösung: Wir haben die Waschmaschine aus Hamburg mitgenommen. Und mit ihr das schlechte Gewissen. Denn gleich im zweiten Gruppen-Videochat schwärmte einer unserer Mitstreiter davon, wie toll es sei, dass »sharing economy« und Nachhaltigkeit für uns alle nun keine Worthülsen mehr seien: »Wir teilen uns mit 20 Leuten zwei Waschmaschinen, das ist doch großartig!«

Wo fängt Egoismus an und hört Gemeinschaftssinn auf? Wie viel Nachhaltigkeit halten wir aus? Und: Wie wollen wir eigentlich leben? Um das herauszufinden, sind wir hier.

»Endlich mal ein Hackathon mit Hacke«

Neben mir im Acker liegt bäuchlings ein fünf Monate altes Baby und knabbert an einem Kohlblatt. Das sei schon in Ordnung, sagt Marie, seine Mutter, und reißt eine Distel aus. Bewaffnet mit langstieligen Hacken kämpfen wir uns gemeinsam die Reihe entlang, von Spitzkohl zu Spitzkohl. 1500 Kohlköpfe sollen hier demnächst geerntet werden und dann, verpackt in Biokisten, vor 1500 Haustüren in Marburg landen. Aber gerade sieht es nicht gut aus für den Kohl: Disteln, Knöterich und anderes Unkraut nehmen ihm die Nährstoffe weg. Ich bin auf einem Rettungseinsatz.

Es ist der dritte Monat unseres Landleben-Tests in Nordhessen, und ich habe das Gefühl, angekommen zu sein in Homberg/Efze. Angekommen in unserem neuen Alltag, der so anders ist als der in der Großstadt, obwohl unsere Jobs gleich geblieben sind.

Meinen eigentlichen Arbeitstag habe ich schon hinter mir. Ich habe am Rechner gesessen, telefoniert und geschrieben, so wie ich das im SPIEGEL-Büro an der Ericusspitze die vergangenen zehn Jahre gemacht habe. In der »FachWerkerei« haben viele mittlerweile einen Lieblingsschreibtisch, aber keiner murrt, wenn dieser mal besetzt ist. Wer länger telefonieren oder ein Pläuschchen halten will, verzieht sich in einen der Konferenzräume. Oder wird ermahnt, dies zu tun. Schließlich hat hier jede und jeder Einzelne einen Job zu erledigen, von dem die anderen keine Ahnung haben, und muss sich dafür konzentrieren können. Für wichtige Termine können die Konferenzräume vorab reserviert werden. Für spontane Anrufe bleibt nur die Flucht vor die Tür. Aber das Modell funktioniert. Die Kollegen und Chefinnen in Berlin, Hamburg, London wundern sich im Videotelefonat höchstens über die rote Backsteinwand hinter dem Schreibtisch, aber die könnte ja auch ein virtueller Hintergrund sein. Den meisten ist es noch nicht mal eine Rückfrage wert.

Der größte Unterschied zum Arbeiten im Firmenbüro sind die Gespräche an der Kaffeemaschine. Mit dem Grafiker plaudere ich über ein Plakat, mit der PR-Managerin über einen Imagefilm, aber oft geht es um Freizeittipps: Warst du dort schon, kennst du das?

Und statt nun auf dem immer gleichen Hamburger Spielplatz den immer gleichen Hamburger Small Talk zu halten, stehe ich jetzt auf diesem Acker im nordhessischen Nirgendwo und hacke auf Disteln ein, während meine zwei Jahre alte Tochter Regenwürmer sucht und das Baby der Gärtnerin Kohl knabbert.

Neben mir schuften zwei andere Homies: Johannes, ein Kommunikationsdesigner aus Hannover, und seine Frau Kerstin, eine Grafikdesignerin. Auch sie sind für den »Summer of Pioneers« nach Homberg/Efze gezogen. Auch sie suchen eine Antwort auf die Frage: Wie wollen wir eigentlich leben? Eine Frage, die mehr umfasst als nur den Wohnort.

Bei diesem Experiment geht es nicht allein darum, die Großstadt gegen die Kleinstadt zu tauschen. Es geht darum, das Beste beider Welten zu vereinen: die Kreativität, die Innovationskraft und den Elan der Stadt, die Ruhe, die günstigen Mieten und das frische Essen vom Land.

Klingt das überheblich? Kritiker*innen werfen uns das vor.

Aus der Stadt müsse man nichts aufs Land exportieren, es sei doch alles schon da, die Kreativität und die Innovationskraft. Aber wenn ich mir hier die vielen leeren Ladengeschäfte anschaue und die Selbstverständlichkeit, mit der Mitglieder eines Motorradclubs ihr Vereinsheim mit eisernen Kreuzen und markigen »Einig, treu, stolz und stark«-Sprüchen zieren, dann finde ich: Doch, hier muss ein Austausch stattfinden. ·

Wie kann es sein, dass eine Vision für die Belebung der Homberger Altstadt darin besteht, den wunderschönen, von jahrhundertealten Fachwerkhäuschen umsäumten Marktplatz zum Parkplatz umwandeln zu wollen? Das muss doch auch anders gehen. Nachhaltiger, menschenfreundlicher, zukunftsweisender. Und mit dieser Meinung bin ich nicht allein.

Der Acker gehört Malte Groß, dem Biobauern, bei dem wir jede Woche einkaufen. Er ist einer der vielen Homberger*innen, die uns mit offenen Armen empfangen haben. Einer, der nicht die Nase rümpft, weil wir englische Begriffe verwenden wie Coworking-Space oder Flat White. Einer, der unsere Suche nach einem besseren Leben versteht.

Malte hat Sozialpädagogik studiert. Den Biohof seiner Eltern hatte er nach dem Abi verlassen, um in die Stadt zu ziehen. Aber in Kassel und Darmstadt sagte ihm das Leben wenig zu. »Es fing mit den hohen Mietpreisen an und hörte bei den Parks auf«, sagt er. »Künstliche Natur in Form von Parks anzulegen, ist schon irgendwie sehr suspekt, wenn man vom Land kommt.« Und so kam er zurück, um den elterlichen Hof neu zu erfinden. Aber nicht allein, sondern mit seiner Partnerin und zwei Freunden: Florian, einem weiteren Sozialpädagogen, und Niklas, einem Energieberater und Zimmermann.

Gemeinsam mauerten sie eine neue Fachwerkfassade an die marode Scheune, um Platz für ein Café zu schaffen. Reduzierten die Zahl der Schweine, weil ihnen der Stall zu eng erschien. Experimentierten mit Gemüsesorten, die vom Verschwinden bedroht

26

sind. Bauten das Sortiment des Hofladens aus und setzten auf Direktvertrieb. Lieber gleich an die Kunden verkaufen als erst an den Supermarkt, ist ihre Devise.

Zur feierlichen Übergabe des Biohofs von Maltes Eltern an die nächste Generation saßen wir Homies im Innenhof vor den großen grünen Scheunentoren an Tischen, die mit bunten Blumensträußen aus dem Garten von Maltes Mama geschmückt waren, aßen selbst gebackenen Kuchen und tranken selbst gebraute Limonade. Die Vögel zwitscherten, die Schweine grunzten, unsere Tochter spielte mit anderen Kindern Fangen. Ein Landleben-Idyll wie aus dem Bilderbuch – und wir mittendrin.

Marie, die neue Gärtnerin, führte uns mit dem Baby im Tragetuch durch die Gewächshäuser. »Schau mal, da wachsen die Gurken, die wir dann auf dem Markt bei Florian kaufen«, sagte ich zu meiner Tochter und dachte: Wie großartig, solch einen Satz sagen zu können.

Wenige Tage später kam der Hilferuf von Marie, per E-Mail, mit drei Ausrufezeichen:

»Wir freuen uns über jede helfende Hand!!!«

Das Unkraut sei an einigen Stellen schon über den Kohl gewachsen, und sie käme jetzt gern auf unser Angebot der Mitarbeit zurück, schrieb sie: »Ihr braucht nur Lust auf körperliche Arbeit und gute Laune.« Dahinter ein Zwinkersmiley.

Tatsächlich hatten wir bei ihrer Führung – staunend vor den Feldern voller Salat und Kohlrabi stehend – allesamt versichert, wie sehr wir Gartenarbeit liebten. Meine Mit-Pionierin Anna, Spezialistin für agiles Arbeiten, meldete sich sofort zum Dienst. »Endlich mal ein Hackathon mit Hacke«, kommentierte sie die Hilfemail der Gärtnerin in unserer Slack-Gruppe. Auch Inga überlegte nicht lange. Mit den Händen Pflanzen ausreißen, das sei genau der richtige Ausgleich zu ihrer Onlinefortbildung für einen Kosmetikkonzern.

Ich zögerte zunächst. Ist es nicht absurd, wenn wir den Biobauern, bei dem wir teuer auf dem Markt einkaufen, auch noch mit unserer Arbeitskraft subventionieren? Machen wir Städter*innen uns da nicht lächerlich? Andererseits: Wie kann ich von anderen verlangen, dass sie Gemüse ohne Pestizide züchten, und dann im entscheidenden Moment meine Mithilfe verweigern? Zu wissen, wo die Zutaten für unser Essen herkommen, und die Menschen zu kennen, die jeden Tag dafür arbeiten, fühlt sich gut an – bringt aber auch eine neue Art der Verantwortung mit sich.

Von 20 Leuten besitzt immer jemand das Gesuchte

Wir testen hier nicht nur das Landleben. Wir testen, ob sich all die Worthülsen und Slogans, mit denen wir in der Stadt so gern um uns geworfen haben, mit Inhalt füllen lassen: Im Einklang mit der Natur leben. Ausbeutung und Überproduktion stoppen. Wiederverwerten statt verschwenden. Teilen statt besitzen.

Zumindest beim Letzteren haben wir als Gruppe Erfolge zu vermelden. Ob Wischmopp, Verlängerungskabel oder Bohrmaschine, Tomatensoße oder Wundsalbe – nach drei Monaten ist klar: Von 20 Leuten besitzt immer jemand das Gesuchte.

Auch in Hamburg war ich Teil eines Nachbarschaftsnetzwerks, aber so schnell und unkompliziert wie hier kam die Hilfe nie an. Und anders als in Hamburg beschränkt sich das Teilen nicht mehr nur auf Gegenstände. Ein Programmierer wird gesucht, eine Moderatorin, eine Grafikerin, ein DJ? Die Lösung ist nur eine Slack-Nachricht weit entfernt. Jeder hilft hier jedem, mit Zeit, Know-how, manchmal auch einfach nur mit Zuhören. Und wenn es sein muss, auch mit der Hacke.

Nach zwei Stunden auf dem Acker stellt sich so etwas wie Routine ein. Ich habe keine Angst mehr, aus Versehen einen Spitzkohl abzuhacken. Jede herausgerissene Distel ist ein kleiner Triumph.

Marie erzählt von ihrer Ausbildung und ihrer Liebe zu Gemüse. Arbeitsstunden zu zählen, das ist ihr fremd. Ihr Arbeitsalltag wird nicht von Uhrzeiten oder Wochentagen bestimmt, sondern vom Wetter. In zwei Tagen soll es wieder regnen, bis dahin muss das Unkraut weg sein. Aber gemeinsam kommen wir gut voran, die Reihe lichtet sich schon. Es ist eine Binsenweisheit, aber sie stimmt: Es ist schön, am Ende des Tages das Ergebnis seiner Arbeit sehen zu können.

Als wir die Hacken in den Transporter packen, sagt Johannes, er sehe Spitzkohl nun mit anderen Augen und werde zu Hause nie wieder einen verderben lassen. Das gilt auch für mich. Und noch eine überraschende Erkenntnis eint uns: Die körperliche Arbeit hat Spaß gemacht.

Zwei aus unserer Gruppe sind mittlerweile fast jeden Tag auf dem Biohof. Christina, die früher als Aufnahmeleiterin gearbeitet hat, und ihr Partner Julian, ein Kameramann, leiten jetzt das neue Hofcafé. Für beide steht fest, dass sie nach dem »Summer of Pioneers« bleiben werden. Auch Jörg, Unternehmer aus Darmstadt, hat schon seinen ersten Wohnsitz in Homberg angemeldet. Mein Partner Marian und ich sind noch unentschlossen.

Bevor wir nach Homberg gezogen sind, hatten wir uns eine Liste gemacht mit Plus- und Minuspunkten unseres Wohnorts. Die Hamburger Innenstadt punktete mit ihrer Vielfalt an Restaurants und Veranstaltungen, mit bekannten Wegen und pünktlicher U-Bahn. Aber da waren auch der Lärm und die Autoabgase, das fehlende Grün und die Enge. Nachts bei offenem Fenster schlafen können, das stand auf unserer Wunschliste ganz oben.

Der Wunsch ist in Erfüllung gegangen. In Homberg hören wir nachts das Plätschern der Brunnen auf dem Marktplatz. Unsere Tochter kann nicht an ihnen vorbeigehen, ohne ihre Händchen unter das fließende Wasser zu halten, und immer wieder zaubert das Erlebnis ihr und uns ein Lächeln aufs Gesicht.

Auch über fehlendes Grün können wir uns nicht mehr beklagen. In wenigen Minuten erreichen wir zu Fuß den Wald des Burgbergs mit unserem verwilderten Gemeinschaftsgarten oder die Wiesen am Flüsschen Efze. Und immer wieder laden uns auch Homberger*innen in ihre Gärten ein, einer eindrucksvoller als der andere. Immer gibt es ein Trampolin für die Kinder, selbst gemachten Kuchen mit selbst geernteten Früchten, manchmal auch ein Sonnendeck mit Liegestühlen oder sogar einen kleinen See. Abends wird gegrillt, mit Fleisch vom Hof nebenan. So könnte es bleiben.

40 Minuten für einen Upload

Aber da gibt es auch die Tage, an denen die Kleine aus der Kita kommt und erklärt, sie wolle lieber in »die blaue Kita«, die Kita in Hamburg. Sie fragt nach den Erzieherinnen, den Freunden, Oma, Opa und dem Tierpark. Fahren wir da mit der U-Bahn hin? Jetzt?

Da gibt es die Tage, an denen ich 40 Minuten für den Upload meines Podcasts auf den SPIEGEL-Server brauche. Die Tage, an denen wir von der Post weitergeleitete Flyer von unseren Hamburger Lieblingsrestaurants im Briefkasten finden. Die Tage, an denen ich den Lieferservice vom Supermarkt vermisse.

Homberg hat den Berg schon im Ortsnamen. Für den Hin- und Rückweg zur Kita brauche ich zu Fuß 40 Minuten und bin anschließend nass geschwitzt. Es gäbe auch einen kürzeren und weniger steilen Weg, aber dieser führt an einer Ausfallstraße entlang. Im Sekundentakt rauschen die Autos vorbei und nebeln mich und meine Tochter mit Abgasen ein. Auf dem ersten Wegstück gibt es noch nicht mal einen Bürgersteig. Baustellenzäune und Mülltonnen verengen ohnehin schon die Fahrbahn, und dann laufe auch noch ich mit dem Kind im Buggy auf der Straße – keine gute Idee. Also lieber der steile Wiesenweg.

Ich versuche jeden Morgen, mir den Fußweg zur Kita schönzureden. All die Kalorien, die ich auf diesen zwei, drei Kilometern verbrenne! Andere liegen noch im Bett, ich trainiere morgens um halb acht meine Ausdauer und wandere über Wiesen. Dafür sind wir Städter*innen doch in die Natur gezogen. Ist doch herrlich! Aber wenn ich ehrlich bin, ist an den meisten Tagen nichts daran herrlich. Es regnet, es ist kalt, und die Regenjacke, von der ich mir eingebildet hatte, sie sei wasserfest, hat schon nach dem ersten Hinweg kapituliert.

Immer wieder ertappe ich mich bei dem Gedanken, lieber das Auto zu nehmen. Seit wir in Homberg wohnen, haben wir eines. Wir haben es für sechs Monate gemietet, weil wir dachten, das Leben auf dem Land funktioniere nur mit Auto. Heute weiß ich: Ein E-Lastenrad hätte es auch getan.

Wie alle Teilnehmer des Projekts wohnen wir in der historischen Altstadt von Homberg. Dort sind Parkplätze rar. Viele geben diesem Umstand die Schuld am Niedergang des Ortskerns. Wer einkaufen will, braucht einen Parkplatz für sein Auto, und wenn es den nicht gibt, muss man eben woanders einkaufen, lautet die Logik. Dass man einen Einkauf auch zu Fuß oder mit dem Rad erledigen könnte, dieses Konzept scheint vielen fremd zu sein. Ob im Wartezimmer beim Arzt, beim Gartenfest oder bei der Friseurin – fehlende Parkplätze sind *das* Thema Hombergs. Dabei gibt es einen großen Parkplatz am Ortseingang. Auch wir parken unser Auto dort. Das vermeintliche Problem: Von dort bis zum Marktplatz sind es 500 Meter.

Ich gebe zu: Bei schlechtem Wetter und bepackt mit Tüten sind diese 500 Meter qualvoll. Direkt vor der Tür zu parken, fände auch ich bequem. Und ich ertappe mich auch bei dem Gedanken, mich in die lange Schlange der morgens vor der Kita parkenden Autos einreihen zu wollen. Aus meiner Innenstadtwohnung in Hamburg heraus habe ich Elterntaxis verspottet. Nun habe ich Verständnis für all die Mütter und Väter, die morgens ihren Nachwuchs durch die Gegend kutschieren – mitmachen will ich trotzdem nicht.

Denn ich finde auch: Der von Fachwerkhäuschen umsäumte Marktplatz wäre noch viel schöner, wenn er auch für den Durchgangsverkehr gesperrt wäre. Einmal pro Woche ist dies der Fall:

donnerstags, wenn Markt ist. Dann flanieren dort Menschen, fahren Kinder mit ihren Rädchen, an Stehtischen wird gegessen und gelacht. So könnte es immer sein. Wenn die Autos weg wären.

Die täglichen Wege in Homberg sind steil, aber kaum einer ist weiter als drei Kilometer. Ich kenne das aus meiner Kindheit im Rheingau: Von meinem Elternhaus zum nächsten Bäcker waren es hügelige 1,8 Kilometer. Jeder in unserer Straße meinte, diese Strecke sei nur mit einem Auto zu bewältigen. Fahrräder mit Hilfsmotor wären die perfekte Alternative gewesen. Das beweisen die E-Lastenräder, die Anna und Tobias aus Darmstadt und Christina und Julian aus Frankfurt mitgebracht haben.

Die Frankfurter düsen damit zu zweit zu ihrem Arbeitsplatz auf dem Biohof. Einer sitzt hinten auf dem Gepäckträger. Im Lastenrad von Anna und Tobias wurden auch schon erwachsene Freunde herumkutschiert, samt Hund. Sie erledigen mit ihrem Rad alle Einkäufe für die vierköpfige Familie.

»Unseren alten Polo brauchen wir maximal für eine der seltenen Fahrten in die Heimat«, sagt Tobias. »Hier geht von Ausflug bis Einkauf alles mit dem Lastenrad, auch wenn das in Homberg niemand glauben mag.« Anfangs seien sie angeschaut worden, als reisten sie mit einem Ufo, sagt er. Seine Frau Anna wurde von einer Hombergerin mit den Worten angehalten: »Sie kommen bestimmt aus Berlin!« Aus diesem Gespräch ist inzwischen eine Freundschaft geworden.

Wer auf dem Land leben will, braucht ein Auto? Nein, ein Lastenrad! Diese Frage konnten wir also klären.

Kniffliger ist für uns die Kitafrage. In Hamburg gab es in der Kita für die Kinder ausschließlich Holzspielzeug. Jeder Tag begann mit dem gemeinsamen Singen im Morgenkreis, dann wurden Murmelbahnen gebaut, Glitzerbilder gebastelt, Waffeln gebacken, oder es wurde mit Rasierschaum geplanscht.

Hier in Homberg müssen wir den Morgenkreis abends zu Hause nachspielen. In der Kita wird nicht gesungen, wegen Corona, heißt es.

Das meiste Spielzeug ist aus Plastik, es trötet, dudelt und quietscht. Zum Essen klettern die Kinder auf Hochstühle, die um einen großen Tisch herumstehen. Das ist rückenfreundlich für die Erzieherinnen, sieht aber wenig einladend aus. Gemalt wird auf ausrangiertem Firmenpapier, mit Buntstiften über die aufgedruckten Briefköpfe. Das immerhin ist ja sehr nachhaltig. Ich weiß selbst nicht so recht, warum es mich stört. Warum sollte Papier nicht auf diese Art recycelt werden? Unsere Tochter liebt das quietschende Spielzeug, und über die Hochstühle hat sie sich auch nicht beschwert. Auch der Betreuungsschlüssel in Homberg ist besser: Drei, manchmal sogar vier Erzieherinnen kümmern sich um zehn Kinder. In Hamburg waren es drei für 15 Kinder, und so gut wie nie waren alle drei Erzieherinnen da.

Welche Kita ist die bessere? Welches Leben das bessere? Ich weiß es nicht.

Was bleibt von sechs Monaten Landleben-Test?

Nach all den Sommertagen, den unzähligen Gesprächen auf dem Marktplatz, den Ausstellungen, Lesungen und Kinoabenden und dem gemeinsamen Unkrautjäten ist es nun diese eine Zahl, die alle interessiert. Und die Antwort ist acht. Acht von 20.

20 Großstädter*innen haben beim »Summer of Pioneers« in Homberg/Efze für sechs Monate das Landleben getestet, und acht wollen danach nicht mehr zurück. Sie sind jetzt in der nordhessischen Kleinstadt als Bürger*innen gemeldet, werden dort auf dem Clobesmarkt Glühwein trinken und miterleben, wie die Hohenburg zur riesigen Adventskerze wird.

Meine Familie und ich gehören zu den anderen zwölf. Nach sechs Monaten in Nordhessen ziehen wir dorthin zurück, wo wir herkommen. In unserem Fall ist das Hamburg.

Die Entscheidung ist uns nicht leichtgefallen. Die Liste der Menschen, die ich vermissen werde, ist lang. Vermissen werde ich die

Mittagessen in der Gemeinschaftsküche. Die vielen Nachmittage und Abende, die wir gemeinsam verbracht haben, meist draußen, in irgendeinem wunderhübsch gepflegten Garten, in den uns mal wieder ein*e Homberger*in eingeladen hatte.

Vermissen werde ich auch die Backegruppe Welferode, die erste vereinsähnliche Gruppe, bei der ich jemals den Wunsch verspürt habe, ihr zugehören zu wollen. Mehr als 80 Schwarzbrotlaibe haben wir zusammen geknetet und in dem riesigen Ofen des mehr als 100 Jahre alten Backhauses gebacken.

Vermissen werde ich auch die Aussicht aus unserem Wohnzimmerfenster auf Marktplatz, Kirche und Burg.

Und die Donnerstage.

Da ist in Homberg Markt, nachmittags, von 16 bis 19 Uhr, von Mai bis Oktober. Die an den Marktplatz grenzende Straße ist dann für den Verkehr gesperrt, es gibt Honig und Ahle Worscht zu kaufen, Gurken, Tomaten und Biofleisch, manchmal auch Burger und Pizza. Mehrere Wochen lang konnte man sogar ein Lämmchen streicheln, das von einem Imker mit der Hand aufgezogen wurde und neben seinem Stand in einem Laufstall herumhüpfte.

Drei Stunden dauert der Markt, und so lange braucht man auch für den Einkauf. Nicht, weil es so viel Stände gäbe, sondern weil jeder jeden kennt und jede Verabschiedung in ein neues Hallo mündet.

Donnerstags fühlte ich mich angekommen.

Den anderen »Homies« schien es genauso zu gehen. Niemand wollte nach den drei Stunden einfach so nach Hause gehen. Und deshalb zogen wir hinauf auf die Burg. Mit Kindern und Limonade, Bier und Wein und jeden ersten Donnerstag im Monat sogar mit einem DJ-Pult, das Julian aus Frankfurt mitgebracht hatte.

Von der Hohenburg aus hat man einen grandiosen Weitblick, es gibt keinen schöneren Ort, um die Sonne untergehen zu sehen. Unterlegt mit elektronischen Beats kann es dieser Blick aufnehmen mit Berlin und Hamburg, ja, vielleicht sogar mit Ibiza.

Es sind diese »Sundowner«, die vielen alteingesessenen Hombergern als Erstes einfallen auf die Frage: Was hat er euch denn jetzt gebracht, dieser »Summer of Pioneers«?

Florian Werke, Leiter des Hofladens vom Biohof Groß
»In Homberg gibt es nicht viele Möglichkeiten, abends mal spontan wegzugehen. Durch den ›Summer of Pioneers‹ ist auf einmal frischer Wind in die Stadt gekommen, viele kleine Dinge sind entstanden: Mal gab es eine Vernissage in einer Pop-up-Galerie, dann einen gemeinsamen Sundowner auf der Burg. Wenn man jemanden treffen wollte, musste man nur auf den Marktplatz gehen. Ich hoffe sehr, dass es so weitergeht und auch noch neue Leute dazukommen, die wieder neue Blickwinkel mitbringen.

Wir hatten schon länger vorgehabt, ein Hofcafé zu eröffnen, wussten aber nicht so recht, wer das anpacken sollte, weil wir alle schon mehr als genug zu tun haben. Dann schickte uns eine der Pionierinnen eine Initiativbewerbung. Und jetzt leitet Christina zusammen mit ihrem Mann Julian unser Hofcafé. Das ist großartig für uns.«

Selbst Bürgermeister Nico Ritz sagt, er sei dankbar, dass wir ihm etwas Neues haben zeigen können: »Ich habe die ersten 19 Jahre meines Lebens in Homberg verbracht und lebe seit sieben Jahren wieder hier, aber es war das erste Mal, dass ich bewusst einen Sonnenuntergang auf dem Burgberg erlebt habe.«

Jonathan Linker, der den »Summer of Pioneers« nach Homberg gebracht und als Projektleiter koordiniert hat, sagt sogar: »Ihr habt mir damit ein Stück Heimat geschaffen.« Die Burg habe ihm nie besonders viel bedeutet. »Jetzt werde ich immer, wenn ich sie sehe, an diesen Sommer mit euch denken.«

»Es ist ja nicht so, dass wir hier nur in einer Bilderbuchkulisse leben«, sagt Ritz. »Wir haben auch mit Leerstand und Verfall zu kämpfen. Ihr habt dazu beigetragen, dass sich der Blick auf die Stadt gewandelt hat. Von außen, aber auch von innen.«

Markus Schott, Orthopädieschuhtechniker und Gründer der Schuhmarke »myVale«

»In den Achtziger- und Neunzigerjahren war Homberg eine angesagte Stadt. Es gab unzählige Kneipen, ein Kino, eine Diskothek. Zum Stadtfest kamen sogar Leute aus Kassel her. Wenn ich samstags die Straße vor dem Schuhladen meiner Eltern fegen sollte, musste ich das frühmorgens machen, weil dort schon ab neun, zehn Uhr ein richtiges Gedränge war, so viele Menschen waren zum Einkaufen unterwegs. Nun steht der Laden schon seit sieben Jahren leer.

Der Abschwung begann Anfang der Nullerjahre. Eine große Kaserne der Bundeswehr wurde geschlossen, Tausende Soldaten zogen weg. Niemand wollte mehr in der Altstadt flanieren. Die einen kauften online ein, die anderen erwarteten zumindest einen Parkplatz vor der Tür. Auch ich verkaufe die meisten Schuhe mittlerweile über meinen Webshop und habe mein Ladengeschäft außerhalb der Stadtmauern, wo es mehr Parkplätze gibt.

Als Orthopädieschuhtechniker habe ich viele Kunden, die nicht mehr gut zu Fuß sind. Unser alter Laden in der Altstadt kommt allein deshalb für mich nicht infrage. Und wenn sich mal Mietinteressenten bei mir melden, dann nur mit dem Vorhaben, eine Shisha-Bar oder einen 99-Cent-Shop zu eröffnen. So was kommt für mich nicht infrage. Deshalb habe ich mich sehr gefreut, als von den Pionieren der Einfall kam, den Laden für Lesungen, als Galerie und bald auch als offene Werkstatt für Jugendliche zu nutzen.

Und ich bin überrascht davon, wie viel positives Feedback ich ständig bekomme. So viele Leute, die Homberg vor Jahren verlassen haben, schreiben mir jetzt und schicken Links zu Artikeln und

Fernsehbeiträgen. Sie merken: ›Hey, da passiert ja wieder was‹, und allein dafür hat sich der ›Summer of Pioneers‹ gelohnt.«

Ein neuer Blick auf die eigene Stadt – immer wieder habe ich das in den vergangenen Wochen gehört. Aber reicht das, um den Erfolg des Projekts zu belegen? Es könne nicht Anspruch des »Summer of Pioneers« sein, dass möglichst viele Teilnehmer*innen langfristig in Homberg bleiben, das hatten Linker und Ritz von Anfang an betont. Auch ich sehe unser Zurückziehen in die Großstadt nicht als Misserfolg. Eher als Zwischenschritt. Oder wie mein Mitstreiter Tobias es so schön formuliert hat: »Das Zurückziehen in die Stadt ist Teil des Experiments.« Aber wie misst man den Erfolg eines solchen Experiments?

Wittenberge, wo der »Summer of Pioneers« 2019 zum ersten Mal stattfand, ist mittlerweile zu einem Magnet für Großstädter geworden. Der Vorteil von Wittenberge: Das Städtchen liegt zwischen Hamburg und Berlin. Mit dem ICE ist man in weniger als zwei Stunden in beiden Metropolen. Von Homberg aus braucht man allein 40 Minuten nach Kassel. Ohne Auto noch länger.

Auch für uns war dieser Standortnachteil entscheidend. Denn beide Großelternpaare unserer Tochter leben in Hamburg und Umgebung. Und mir schien das Konzept zunehmend falsch zu sein: Auf der einen Seite wir, die in Homberg mitunter händeringend nach Betreuung für unser Kind suchen. Auf der anderen Seite die Großeltern, die sich nichts Schöneres vorstellen können, als sich um ihre Enkelin zu kümmern. Ist es das wert? Können wir nicht auch in Norddeutschland aufs Land ziehen?

Doch, natürlich. Wir hätten vor sechs Monaten auch ins Wendland ziehen können, da sind die Immobilienpreise ähnlich niedrig wie in Homberg. Aber beim »Summer of Pioneers« geht es, wie gesagt, um mehr als um einen günstigen Wohnort im Grünen. Es geht um eine neue Form des Zusammenlebens. Klar waren auch in dieser Gruppe die Rollen irgendwann verteilt. Der Platzhirsch, die Aufbrausende, der Vielredner, die Wortakrobatin. Es wurde gestritten, selten auch geschrien, aber deutlich öfter gelacht, gescherzt und getanzt. Denn in den zentralen Punkten waren wir uns einig: dass wir uns gegen das Coronavirus impfen lassen und uns zweimal die Woche testen. Und dass wir den Homberger*innen etwas zurückgeben wollen für ihre Gastfreundschaft.

Nur was? Worüber würden sich die Homberger*innen freuen? »Macht, was euch Spaß macht«, hatte Projektkoordinator Jonathan Linker im Frühjahr zu uns gesagt. Mit dieser Einstellung würden wir den größten Mehrwert für alle schaffen. Damit scheint er richtiggelegen zu haben, denn vieles ist noch immer sichtbar von unserem »Summer of Pioneers«.

Klaus Ohlwein, Architekt:
»Eine Lesung oder Ausstellung im ehemaligen Schuhladen hätte es schon längst geben können. Aber all die Jahre ist nichts passiert. Nun haben uns die Homies bewiesen, dass auch eine kurzfristige Nutzung all der leer stehenden Läden möglich ist. Das hat viele neugierig gemacht, jeder wollte gucken, was da jetzt passiert.«

Die Stadt heißt nun regelmäßig neue Landleben-Tester*innen willkommen. Der Coworking-Space ist das Herzstück eines neuen »Marktcampus« geworden. Das einstige Geschäft von »Schuh Schott« steht nun nicht mehr leer, sondern beherbergt einen »Makerspace«, einen Ort, an dem sich Menschen allen Alters zum Handwerken treffen.

Dass nicht alle Homberger*innen von unseren Ideen begeistert sind, auch das mussten wir erleben. Schon bei unserem ersten Event, bei dem Stummfilme mit musikalischer Begleitung auf dem

Marktplatz gezeigt wurden, regten sich einige Anwohner*innen auf: Sie wollten nicht an einem Sonntagabend mit klassischer Musik beschallt werden. Manchen ist die Veranstaltung nur in Erinnerung geblieben, weil wir als Überschrift für die Plakate »Kino uff de Gass« gewählt hatten und dieser Ausdruck angeblich in Nordhessen gar nicht gebräuchlich ist. Dabei hatten wir uns gerade mit dieser Frage im Vorfeld so eindringlich beschäftigt, dass schon die Grundlagen für eine Doktorarbeit über nordhessische Mundart gelegt wären. »Kino for drüssen«, ein Vorschlag eines Mitarbeiters der Wirtschaftsförderung, war beispielsweise gleich von der danebensitzenden Kollegin kassiert worden, die entrüstet meinte, sie als Urhombergerin könne damit ja gar nichts anfangen. Tatsächlich scheinen die Dialekte teilweise von Dorf zu Dorf zu variieren. »Uff de Gass« schien ein guter Kompromiss, denn immerhin verstand sofort jeder, den wir dazu befragten, was gemeint war. Als ich beim Abschied sechs Monate später wieder den Vorwurf hörte, da hätten wir ja völlig danebengelegen, fehlten mir die Worte.

Immerhin: Der wegen des Open-Air-Kinos erwartete Aufruhr der über ihre vorübergehend gesperrten Parkplätze erzürnten Anwohner*innen, vor dem uns zahlreiche Homberger*innen gewarnt hatten, blieb aus.

»Muss das denn sein? Haben wir keine anderen Sorgen? Das wird doch eh nix!«

Das war der Dreiklang der Meckerer, der uns den Sommer über begleitet hat. Mein Mitpionier Jens wollte deshalb schon ein Haar im Coworking-Space aufhängen mit dem Begleittext: »Sie müssen jetzt nicht mehr weitersuchen. Wir haben das Haar in der Suppe gefunden. Hier ist es.«

Zum Glück war der Dreiklang der Meckernden nie mehr als ein leises Rumpeln. Diejenigen, die begeistert zuhörten und zuschauten, die uns Haustür und Gartentor öffneten, waren immer in der Mehrzahl.

Mike Luthardt, Inhaber Medienhaus Homberg und Türmer der Stadt:

»Klar gibt es immer auch Meckerer, aber ich habe den Eindruck, der ›Summer of Pioneers‹ wurde von den meisten hier positiv aufgenommen. Es war auch eine tolle Gruppe, die wir da kennenlernen durften. Neue Dinge anzufangen, ist ja manchmal ganz schön schwierig, irgendwie schmoren wir ja doch alle im eigenen Saft. Deshalb finde ich es toll, dass auf diese Art neue Impulse in die Stadt gekommen sind. Auch persönlich habe ich das Projekt als bereichernd wahrgenommen: Ich habe viele neue Leute mit neuen Ideen kennengelernt – und bin auf einmal in Kontakt gekommen mit Homberger*innen, die mich eigentlich längst kennen, mit denen ich vorher aber nie viel zu tun hatte. Das finde ich großartig!«

Den Kritiker*innen gehe es auch gar nicht um uns persönlich, sagt Psychologin Martina Falk, die in der Altstadt, nur wenige Meter von unserem Coworking-Space entfernt, eine eigene Praxis hat. »Viele Menschen, die meinen, immer alles kritisieren zu müssen, sind frustriert und gekränkt. Und viele Homberger sind gekränkt, weil ihre Geschäfte schließen mussten. Weil keine Kunden mehr kamen. Weil alle Jungen weggezogen sind.«

Vielleicht ist ein neuer Blick auf die Stadt deshalb ein größerer Erfolg, als man meinen würde.

Und wie sieht es jetzt in Homberg aus?

Der »Summer of Pioneers« in Homberg/Efze endete im Oktober 2021, aber das war nicht das Ende des Projekts. Schon im Januar 2022 kamen die nächsten Großstädter*innen nach Nordhessen. Für die Verlängerung, sozusagen den »Winter of Pioneers«, waren explizit nicht nur Digitalarbeiter*innen, sondern auch Handwerker*innen gesucht worden. Drei bewarben sich, sprangen aber wieder ab.

Stattdessen kamen unter anderem: ein IT-Produktmanager, ein Regisseur und eine Organisationsberaterin aus Berlin, eine Umweltwissenschaftlerin aus Leipzig, ein wissenschaftlicher Mitarbeiter aus Frankfurt, eine Start-up-Gründerin aus Düsseldorf und ein Software-Entwickler aus Karlsruhe.

Alle zusammengerechnet, hat die Gemeinde nun schon 36 Landleben-Tester*innen begrüßt – und durch sie elf neue Einwohner*innen gewonnen.

Katrin Hitziggrad, 34, Immobilienfachwirtin aus Jena, ist eine von ihnen. Sie kam für den »Summer of Pioneers« im Mai 2021 nach Homberg, ihr Freund Marcel zog ein knappes Jahr später aus Jena hinterher. Marcel Buchspieß, 39, ist gelernter Zimmermann und betreut jetzt in Homberg das »MachWerk«, eine offene Werkstatt, die in den Räumen des ehemaligen Schuhgeschäfts »Schuh Schott« entstanden ist, das sieben Jahre lang leer stand. Der ehemalige Schuhladen ist kaum wiederzuerkennen. Eine knallrote Couch und vier knallrote Sessel, zwei lange Tische und etliche Bänke, im hinteren Teil eine Werkstatt mit Kappsägen und einem 3-D-Drucker, an der Decke ein Beamer. Die Möbel sind allesamt Spenden einer Homberger Firma. Sie wurden für eine Messe angeschafft, waren nur einmal im Einsatz und drohten in einer Lagerhalle zu verstauben.

Die Räume werden nun regelmäßig von der Montessori-Schule genutzt, es treffen sich dort Jugendliche zum gemeinsamen Werkeln. Oder es finden Workshops statt: Dann wird gezeichnet, gehäkelt und gestrickt, ab und an auch gehämmert und gesägt. Alle paar Wochen finden abendliche Werkbank-Gespräche statt – wie etwa mit der Psychologin Martina Falk, deren Praxis gleich nebenan ist. Sie will erklären, »warum wir so ticken, wie wir ticken«.

Direkt gegenüber vom »MachWerk« hat nun ein Herrenausstatter ein Geschäft eröffnet, die Schaufenster sind wieder erleuchtet und dekoriert – ein ungewohnter Anblick in der Untergasse, in der noch vor zwei Jahren zum Start des »Summer of Pioneers« fast alle Läden leer standen.

Katrin Hitziggrad und Jörg Jessen, 60, die beide zur Gruppe der ersten Landleben-Tester*innen gehörten und Homberg zu ihrem neuen Wohnort gemacht haben, verbuchen das auch als ihren Erfolg. Denn sie haben maßgeblich dazu beigetragen, dass wieder Besucher*innen in die Gasse gekommen sind. Die beiden haben die »Zukunftsoptimisten« gegründet, eine Unternehmergesellschaft für Stadtentwicklung. Die Stadt Homberg hat die »Zukunftsoptimisten« damit beauftragt, den »Summer of Pioneers« weiterzudenken und zu verstetigen. Unter dem Label »Marktcampus« sollen nun regelmäßig Menschen zum Landleben-Test eingeladen werden. Aber anders als beim »Summer of Pioneers«, bei dem alle Teilnehmenden pauschal 150 Euro pro Nase fürs Wohnen und einen Platz im Coworking-Space zahlen, soll künftig differenziert werden: Wer sich viel vor Ort einbringt, soll weniger zahlen als jemand, der sich vor allem der eigenen Arbeit widmet. Es ist ein Fazit aus den bisherigen Landleben-Tests, denn das Engagement der Teilnehmenden war sehr unterschiedlich.

• Geblieben sind davon vor allem die »Freiraumstationen«, ein Projekt, das von Katrin Hitziggrad und Kommunikationsdesigner Johannes Kramarek im Sommer 2021 angestoßen worden war und bei dem am Ende alle Pionier*innen mithalfen: Sechs leer stehende Gebäude in der Homberger Altstadt wurden zu »Freiraumstationen« erklärt und zu Ausstellungs- und Meetingräumen umfunktioniert. Und alle sechs fanden neue Nutzer*innen: Im ehemaligen »Schuh Schott« ist nun das »MachWerk«.
• Die ehemalige Tourist-Information ist jetzt das Büro von Johannes Kramarek und seiner Frau Kerstin. Die Grafikdesignerin ist ihm nach Homberg gefolgt.

- Im ehemaligen »Lindy«-Store, einem Modegeschäft, zog ein Secondhandladen ein.
- In den Fenstern eines ehemaligen Elektrikerladens, der zuletzt als Wohnhaus genutzt wurde, werden Bilder und Skulpturen ausgestellt. Langfristig soll das ganze Haus zur Spielwiese für Street-Art-Künstler werden.
- Im ehemaligen »Schuh Koch« finden regelmäßig Kunstausstellungen statt, und eine Pop-up-Bar öffnet.
- In der ehemalige Löwen-Apotheke ist eine Gemeinschaftsküche eingerichtet worden.

Der Coworking-Space am Marktplatz wird derzeit vor allem für Meetings genutzt – von den »Zukunftsoptimisten«, aber auch von der Stadt, verschiedenen Firmen und einer Gruppe Ehrenamtlicher, die einen Bürgerbus für Senior*innen organisiert. Nur einer der Schreibtische ist fest an eine Einzelperson vermietet: einen Vater, dessen Tochter die wenige Meter entfernte Montessori-Schule besucht. Da die Familie 30 Kilometer entfernt wohnt, spart er sich lieber den Fahrtweg – und arbeitet in der »FachWerkerei«, während seine Tochter in der Schule ist.

Doch warum sind dort nicht mehr Coworker*innen? An den Preisen kann es nicht liegen, die sind absolut marktüblich: Ein Tagesticket kostet 19 Euro, ein Wochenticket 80 Euro, Monatspässe gibt es auch, zum Beispiel 150 Euro für drei Tage die Woche.

Frederik Fischer, Initiator des »Summer of Pioneers«, überraschen die leeren Arbeitsplätze nicht: »An keinem unserer Standorte wurden die Coworking-Spaces von der Bevölkerung nennenswert nachgefragt – zumindest nicht als Orte der Arbeit.« Für ihn sei das nachvollziehbar, denn: »In Großstädten sind Coworking-Spaces eine günstige Alternative zu einem eigenen Arbeitszimmer oder Büro, aber in ländlichen Regionen ist Raummangel meist kein Thema. Und auch das Bedürfnis nach Austausch ist weniger stark ausgeprägt. Menschen vor Ort haben über Jahre und Jahrzehnte Netzwerke geknüpft und sind selten aktiv auf der Suche nach neuen Kontakten.«

Überflüssig seien Orte wie die »FachWerkerei« dennoch nicht: »Für Zuziehende bleiben Coworking-Spaces wichtig, um Anschluss zu finden.« Community-Workspace sei deshalb eine passendere Bezeichnung: »Solche Orte müssen in ländlichen Umgebungen neu gedacht werden, nicht nur als Orte der digitalen Arbeit, sondern als soziale Mittelpunkte, die ganz unterschiedlich genutzt werden können.« Einen Coworking-Space könne man etwa kombinieren mit einer Werkstatt, einer Bücherei, einem Saal für Feste, einer Gemeinschaftsküche oder Kita.

Die meisten Betreiber*innen von Coworking-Spaces auf dem Land haben noch weitere Projekte am Laufen, bieten Ferienwohnungen an oder eine Poststelle, um den Betrieb querzufinanzieren, bestätigt Ulrich Bähr, Vorstand von CoWorkLand, einer Genossenschaft, die einerseits Anbieter und Nutzer von Coworking-Spaces zusammenbringt, andererseits Menschen auf dem Land berät, die Hoffnung in solche Projekte setzen (lesen Sie dazu auch das Interview auf Seite 57).

Neben dem Coworking-Space war die Küche in der ehemaligen Apotheke ein zentraler Treffpunkt der »Summer of Pioneers«-Gruppe. Sie sollte nur temporär dort sein. Das Fachwerkhaus gehört der Stadt, und diese wollte es gern verkaufen, im Gespräch war zum Beispiel ein Umbau zum Boutique-Hotel. Aber bisher ist nichts passiert, die Küche ist ein Gemeinschaftsort geblieben. Sozialpädagogin Meike Lohbeck, 50, die ihrem Partner Peter P. Schmidt aus Darmstadt nach Homberg gefolgt ist, kocht dort nun einmal pro Woche Suppe – und jeder, der Lust hat, darf mitkochen und mitessen. Im Dezember fand in der Küche ein Tauschmarkt statt, eine Art Gratis-Flohmarkt: Homberger*innen konnten Sachen abgeben, die sie nicht mehr brauchten, und unter den ungeliebten Dingen der anderen nach Schätzen suchen. Die Aktion war ein großer Erfolg – und wenn es nach Katrin Hitziggrad geht, soll die Küche ein offener Ort bleiben. »Das ist ja das Schöne an Zwischennutzungen. Welche Idee für welchen Ort passt, ergibt sich oft erst im Ausprobieren«, sagt sie.

Bilder in Schaufenster zu stellen, ab und an zu Diskussionsrunden einzuladen oder zu einem Tauschmarkt – manche mögen das belächeln: Das sind doch keine neuen Ideen! Dafür brauchen wir doch die Großstädter*innen nicht! Und auch die Pionier*innen waren sich oft unsicher, womit man das Leben der Homberger bereichern könne. Die Idee eines Büchertauschschranks war zunächst verworfen worden – ein solcher Schrank schien wenig innovativ, zudem gibt es in Homberg längst einen an anderer Stelle. In der Verlängerung des »Summer of Pioneers« wurde dann doch einer gebaut und auf dem Marktplatz aufgestellt. Und nun sind alle Regale gefüllt, täglich schauen Menschen hinein, nehmen Bücher mit und lassen neue da.

Neben dem Bücherschrank haben die Pionier*innen zwei Hochbeete aufgestellt. Alle, die vorbeikommen, dürfen ernten. Auch das funktioniert.

Der ehemalige Laden »Schuh Koch« sei umgangssprachlich schon zu einer eigenen Marke geworden, sagt Mike Luthardt: »Wenn jemand sagt: Wir treffen uns im ›Kochs‹, wissen alle, was gemeint ist.«

Jeden zweiten Donnerstag treffen sich Homberger*innen dort zum Feierabendbier. Seit April 2022 haben 27 Barabende stattgefunden, im Schnitt kommen 35 Personen, Spitzenwert waren 54 Gäste. Katrin Hitziggrad hat genau mitgezählt. Sie hat im »Kochs« eine Ausstellung organisiert, in der sich Besucher*innen auf Fotos anschauen konnten, was seit Mai 2022 in Homberg geschehen ist. Am besten besucht waren, wie schon beim »Summer of Pioneers« im Jahr zuvor, die »Sundowner« auf der Hohenburg, da kamen im Schnitt 85, einmal sogar 127 Besucher.

Dass in der Stadt Kneipen fehlen, und zwar nicht nur zum Betrinken, sondern als geselliger Treffpunkt, ist schon lange bekannt. Aber erst in der Verlängerung des »Summer of Pioneers« entstand die Idee, im »Kochs« eine Pop-up-Bar zu eröffnen.

Den Tresen haben die Pionier*innen mit der Hilfe von Marcel Buchspieß selbst gezimmert. Nun hat die Organisation der Bar ein junger Homberger übernommen. Für Katrin Hitziggrad ist das ein »best practice«-Beispiel: »Aktionen wie der ›Summer of Pioneers‹ haben einen Trickle-down-Effekt – sie bringen Impulse von außen. Aber für den langfristigen Erfolg ist es wichtig, dass die Menschen vor Ort mitmachen und sich einbringen.« Im Dezember gab es im »Kochs« eine Verkostung mit selbst gebrautem Bier eines Hombergers, der in einer Brauerei arbeitet – nach zwei Stunden war es ausverkauft. Ein Foto des Abends hängt in der Ausstellung, die Hitziggrad organisiert hat. Als »Meilensteine« hat sie zwei Betonblöcke in die Mitte des Raumes gelegt: Sie stehen für die Fördermittel, die Homberg bewilligt bekommen hat.

566 000 Euro stellt das Land Hessen im Rahmen des Förderprogramms »Zukunft Innenstadt« für die Wiederbelebung der Homberger Altstadt bereit. Und 150 000 Euro stellt das Bundesbauministerium im Rahmen des Förderprogramms »Post-Corona-Stadt« für das Konzept »Wandelpfad« zur Verfügung: Ein Spazierweg, der vom Burgberg bis zu den Efzewiesen reicht, soll den Wandel der Stadt erlebbar machen. Eine der geplanten Stationen: das »Kochs«.

Plötzlich laden Homberger*innen zu Vorträgen über ihre Spezialgebiete ein, referieren übers Bierbrauen, über das Überstehen von Krisen oder die Verarbeitung von Trauer. Zeigen anderen, wie man Sketchnotes zeichnet oder Mosaike legt. Nähen und stricken zusammen. Die Zivilgesellschaft aktivieren, so nennt Hitziggrad das: Menschen dazu bringen, sich ehrenamtlich in die Gemeinschaft einzubringen. Es ist ein langsamer Prozess. Und einer, der Geldgeber*innen braucht.

Die Miete für das »MachWerk« und für das »Kochs« werden mit den vom Land Hessen bereitgestellten Fördermitteln finanziert, genau wie die Teilzeitstelle von Marcel Buchspieß und die Honorare der »Zukunftsoptimisten«.

Mike Luthardt hat schon vor dem »Summer of Pioneers« ehrenamtlich für die Gemeinde gearbeitet. Als Türmer der Stadt klettert er im Sommer schon mal dreimal hintereinander mit Besuchergruppen auf den Kirchturm. Die beschauliche Altstadt zieht Besucher*innen an, oft kommen Reisebusse – die aber spätestens zum Mittagessen wieder abfahren. Denn Homberg hat kein Restaurant, das große Gruppen unterbringen kann. »Die Krone«, gebaut im Jahr 1480 und gehandelt als Hessens ältestes Gasthaus, hätte das Potenzial – aber sie ist noch immer im Umbau. Dabei hatten drei Pioniere im Oktober 2021 der Stadtverordnetenversammlung schon ihre Ideen für das Gasthaus vorgestellt: morgens Lesezirkel, mittags Mittagstisch, abends Jazzclub.

Diese Pläne haben sich zerschlagen.

Ursprünglich waren für die Sanierung des Gasthauses 678 000 Euro veranschlagt worden. Die Kosten haben sich in der Planung verdoppelt. Wann das Gasthaus eröffnen wird und unter wessen Leitung, ist noch unklar.

Trotzdem haben die Neubürger*innen das gastronomische Angebot in der Region schon verbessert: Lisa Mona Ameling arbeitet als Köchin mittlerweile für den Biohof Groß.

Auch Peter P. Schmidt, der in Darmstadt ein Kommunikationsbüro hatte, ist in Homberg geblieben. Schmidt ist jetzt bei der Stadt angestellt, als »Innenstadtkoordinator und Neulandlotse« soll er unter anderem ein Welcome Center für Neubürger*innen einrichten und sich um ein Flächenmanagement für die Innenstadt kümmern. Dabei arbeitet er auch mit den »Zukunftsoptimisten« zusammen.

»Wir sind jetzt hier in unserem Alltag angekommen«, sagt Zukunftsoptimistin Hitziggrad. »Und um einen Beitrag zur Stadtgestaltung zu leisten, muss man sich gar nicht acht Stunden am Tag in Projekten engagieren. Es reicht, sich ab und an bei Planungen zu beteiligen – oder auch einfach als Gast bei Veranstaltungen dabei zu sein.«

Der größte Erfolg der letzten zwei Jahre sei, »dass die Dinge in Bewegung sind«, sagt Nico Ritz, Bürgermeister von Homberg. »Es ist noch viel zu tun, aber wir können zufrieden sein mit dem, was wir bisher erreicht haben, und wir sehen auch, dass zeitverzögert immer mehr Homberger auf die Ideen anspringen.« Der »Summer of Pioneers« habe dazu beigetragen, dass sich der Blick auf die Stadt gewandelt hat. Von außen, aber auch von innen, sagt Ritz: »Insofern hat sich auch der Aufwand gelohnt.«

Coworking in Brandenburg

Elbblick für sechs Euro
den Quadratmeter

Katja Evertz, 40, hat immer ein Foto von der Aussicht aus ihrem Büro auf dem Handy dabei: oben blauer Himmel, unten blauer Fluss. 160 Kilometer weiter flussabwärts werden für eine solche Aussicht auf die Elbe Mietpreise von mehr als 20 Euro pro Quadratmeter verlangt – plus Nebenkosten. In Hamburg könnten sie und ihr Mann sich so ein Büro nicht leisten. In Wittenberge zahlen sie dafür nur sechs Euro pro Quadratmeter.

Katja Evertz ist in der Prignitz aufgewachsen, dem äußersten Nordwesten Brandenburgs, dem der SPIEGEL mal einen Artikel widmete, weil dort der am wenigsten fotografierte Ort Deutschlands zu finden ist. Der SPIEGEL hatte damals Fotos von Flickr-Nutzern ausgewertet. 1994 lebten im Landkreis Prignitz knapp 103 000 Menschen. Heute sind es gerade mal noch 76 000.

Wie so viele andere verließ auch Evertz die Gegend nach dem Abitur. Für das Studium zog sie nach Leipzig, nach dem Abschluss wurde sie Onlineredakteurin in einer Kommunikationsagentur. Sie lebte in Kalifornien und in der Schweiz, in Köln, Darmstadt und Frankfurt am Main, betreute den Social-Media-Auftritt der Uni St. Gallen und den Start der Bundes-Alarm-App Nina. Dann hörten sie und ihr Mann vom »Summer of Pioneers«, der Großstädter*innen dazu einlud, für sechs Monate das Leben auf dem Land zu testen – und die beiden tauschten Frankfurt am Main gegen Wittenberge.

»Mal gucken, wie wir die Stadt auf den Kopf stellen. Oder sie uns«, hatte Adriana Osanu, eine Architektin aus Berlin, zum Projektstart im August 2019 dem SPIEGEL gesagt. Vier Jahre später ist klar: Sie und ihre Mitstreiter*innen haben Wittenberge tatsächlich verändert.

»Damals war unser großes Thema: Wie halten wir die Menschen hier? Und jetzt kommen ständig neue Leute mit neuen Ideen in die Stadt. Das ist schon erstaunlich und sehr erfreulich«, sagt Martin Hahn, Leiter des Bauamts in Wittenberge. »Die Stadt hat jetzt ein so positives Image – hätten wir das mit Marketingmaßnahmen erreichen wollen, das hätten wir gar nicht bezahlen können.«

Mit dem Landleben-Test für Großstädter*innen hatte es Wittenberge 2019 bundesweit in die Medien geschafft, sogar die BBC berichtete. Endlich ging es mal nicht um sterbende Landstriche, Abwanderung oder rechte Gewalt, sondern um Chancen und Aufbruchstimmung. Genau das habe auch sie angezogen, sagt Stefan Evertz: »Es gibt hier viele Leute, die Dinge möglich machen wollen.«

Seiner Frau Katja und ihm gefiel es so gut in der Prignitz, dass sie ihre Jobs in Frankfurt gekündigt und sich in Wittenberge mit einer Kommunikationsagentur selbstständig gemacht haben. Nun planen und moderieren sie Events für Unternehmen aus ganz Deutschland und bieten Onlinekurse für Social-Media-Manager*innen an – aus ihren Räumen am Hafen in Wittenberge.

Dass sie mitunter große Datenmengen bewegen müssen, sei kein Problem, sagt Stefan Evertz. »Das Internet hier ist superschnell.« Klar, jeden Abend in einem anderen Restaurant essen zu gehen, das sei in Wittenberge kaum möglich. Und auch ein Auto brauche man schon, um von A nach B zu kommen, sagt er. Aber: »Ich vermisse nichts aus der Großstadt.«

Zu der von ehemaligen Teilnehmer*innen des »Summer of Pioneers« gegründeten Community der »Elblandwerker« gehören mittlerweile mehr als 130 Menschen, die in Wittenberge und Umgebung leben oder vorhaben, dort hinzuziehen. Sie treffen sich zum gemeinsamen Arbeiten im Coworking-Space, zu Filmvorführungen und Lesungen – oder auch zur Gartenarbeit, wie an diesem Nachmittag, an dem Adriana Osanu und ihre Mitstreiter*innen zum »Safari Subotnik« mit anschließendem Grillfest eingeladen haben.

Aus dem Ladenlokal »Safari«, das der SPIEGEL noch 2019 mit den Worten »heruntergekommen, zugemüllt, die Wände gestrichen in einem fiesen Grün« beschrieben hat, ist mittlerweile ein kleines Kulturzentrum geworden, der »Stadtsalon Safari«. Die Inneneinrichtung erinnert jetzt an ein Hipster-Café in Berlin: knallbunte Wände, Stühle und Couchtischchen im Stil der Sechzigerjahre, ein antikes Radio und alte Koffer als Deko.

Ein Foto an einer Pinnwand zeugt noch davon, wie der Hinterhof 2019 aussah: Das Gestrüpp war dort so hoch und dicht, dass er kaum betreten werden konnte. Nun gibt es im Innenhof eine Terrasse mit Gartenhütte und Grill, aber das Unkraut wuchert schon wieder; deshalb die Einladung zum »Subotnik«, so nannte man in der DDR unbezahlte, mehr oder weniger freiwillige Arbeitseinsätze.

Zwölf »Elblandwerker*innen« sind gekommen. Die einen jäten, die anderen bauen ein Hochbeet. Es wird gepflanzt und gelacht, später auch gegrillt und mit Sekt gefeiert, denn der »Stadtsalon Safari« ist jetzt ein eingetragener, als gemeinnützig anerkannter Verein. Zwei Jahre haben Adriana Osanu und ihre zwei Mitstreiter*innen dafür gekämpft. Nun haben sie große Pläne: Sie wollen noch mehr leer stehende Räume in der Stadt in Begegnungsorte vor allem für Jugendliche verwandeln.

Plötzlich steht eine junge Frau in der Tür zum Hinterhof, mit einem Baby in der Trage und einem verlegen guckenden Freund im Schlepptau. »Hallo, wir sind gerade mit dem Zug aus Berlin angekommen«, sagt sie und lächelt schüchtern. »Schön, euch alle mal in echt zu sehen.«

Eine Woche lang will die kleine Familie das Leben in Wittenberge testen. Die »Elblandwerker« halten dafür eine Zweizimmerwohnung und zwei WG-Zimmer bereit, 125 beziehungsweise 175 Euro kostet die Wochenmiete, inklusive Arbeitsplatz im Coworking-Space. Die sogenannten »Community«-Wohnungen sind ein weiteres Überbleibsel des »Summer of Pioneers« – und nun für viele Wochen im Jahr ausgebucht.

Auf Instagram und Facebook verfolge sie alle Aktivitäten der »Safari«-Crew, sagt die junge Berlinerin. Sogar den Namen der Zwergpudelhündin, die zwischen den Biertischen herumflitzt, kennt sie schon: Erna. Deren Besitzerin und drei andere aus der Runde springen sofort auf, um Stühle, Teller, Gläser und Besteck für die Neuankömmlinge zu holen.

Wer aus der Großstadt nach Wittenberge zieht, kriegt den Freundeskreis und die Businessnetzwerke gleich mitgeliefert – das ist das unausgesprochene Versprechen der »Elblandwerker*innen«. Sie verbindet der Traum vom städtischen Leben auf dem Land. Ein Traum, den auch viele Prignitzer teilen. Marie Sirrenberg ist eine von ihnen.

Sirrenberg, 30, stammt aus einem Nachbarort von Wittenberge, sie hat in Berlin Business Administration und Internationales Marketing studiert und danach für verschiedene Start-ups gearbeitet. Jahrelang pendelte sie zur Arbeit in die Hauptstadt, bis zu vier Stunden am Tag war sie unterwegs. »Ich war so froh, als ich endlich einen Job ohne Präsenzpflicht gefunden hatte«, sagt sie. »Aber dann saß ich auf einmal den ganzen Tag allein zu Hause und war auch unglücklich. Ich bin ein kommunikativer Mensch, mir hat das Zwischenmenschliche gefehlt.«

Der 2019 für den »Summer of Pioneers« eröffnete Coworking-Space in der Alten Ölmühle von Wittenberge bot ihr genau das, was sie suchte: einen Arbeitsplatz mit schnellem Internet und Kontakt zu anderen.

Der Coworking-Space ist nun in ein unscheinbares Flachdachgebäude im Industriegebiet gezogen. Sirrenberg arbeitet trotzdem noch gern dort. An den meisten Tagen seien dort drei bis sechs der 15 Schreibtische belegt, sagt sie. Und in spätestens zwei Jahren soll der Coworking-Space in das Bahnhofsgebäude ziehen, das die Stadt Wittenberge gerade für 18 Millionen Euro umbaut. Auch das Technologie- und Gewerbezentrum soll in den denkmalgeschützten Bahnhof, drum herum soll »ein Mobilitätsknoten« entstehen – wenn alles gut läuft bis 2025.

Sirrenberg findet das »eine absehbare Zeit«. Sie glaubt an die Zukunft der Stadt. Erst vor Kurzem habe sie über das »Elblandwerker«-Netzwerk eine ehemalige Mitschülerin wiedergetroffen, die sie ganz aus den Augen verloren hatte, erzählt sie. »Ich kenne jetzt einige, die aus Magdeburg, Hamburg oder Berlin wieder zurück in die Prignitz ziehen.«

Die zweifache Mutter hat sich einer Baugruppe angeschlossen, die in Wittenberge auf einem freien Grundstück in Nähe der Elbe Häuser mit insgesamt zwölf Wohnungen bauen will. 14 Mitstreiter*innen sind sie derzeit, eine davon ist Wiebke Lemme, die Architektin, die die Häuser entworfen hat. Die Baugenehmigung haben sie schon, im Herbst 2024 soll das Haus fertig sein.

Drei Wohnungstypen hat die Architektin geplant. Die günstigste ist 70 Quadratmeter groß und kostet voraussichtlich 225 000 Euro. Ein angemessener Preis, findet Sirrenberg: »Ich kenne viele Leute, die gerade bauen und von denen kommt keiner unter 300 000 Euro raus. Alte Häuser bekommt man vielleicht günstiger, aber die müssen dann auch erst mal für viel Geld kernsaniert werden.« Zudem sei die Lage des Grundstücks unschlagbar. »Wenn die Wohnungen schon fertig wären, würden sich die Menschen darum reißen«, ist sie sich sicher.

Wird Wittenberge das neue Prenzlberg?

Tatsächlich beobachtet auch Bauamtsleiter Hahn schon eine Erhöhung des Mietspiegels. Droht Wittenberge jetzt das gleiche Schicksal wie Prenzlauer Berg oder Neukölln – einst heruntergekommene und dann hip gewordene Stadtteile, in denen die Mieten innerhalb weniger Jahre in solche Höhen gestiegen sind, dass den Einheimischen nur noch die Flucht bleibt?

Einige »Elblandwerker*innen« befürchten genau das. Wittenberge habe das Potenzial, zu einem Vorort Berlins und Hamburgs zu werden, sagt Politikwissenschaftler Dominik Seele. »Von Spandau brauche ich länger nach Neukölln als nach Wittenberge.«

Auf der Suche nach einem Ort, »der Refugium und Arbeitsort gleichzeitig sein kann«, habe er zusammen mit seiner Freundin Andrea »systematisch den Norden Brandenburgs abgescannt«, sagt Seele. So seien sie auf Wittenberge gestoßen – und völlig überrascht gewesen, als sie dort auf Dutzende Gleichgesinnte trafen.

»Wittenberge zieht gerade viele junge Menschen an, kann aber auch noch viele weitere gebrauchen, die hier etwas bewegen wollen. Viel steht noch leer«, sagt er. Anders als Baugruppen-Mitglied Marie Sirrenberg ist seine Vision aber: Nichts kaufen, nichts bauen, stattdessen von der Stadt mieten, um die günstigen Mieten in Wittenberge zu erhalten.

Martin Hahn vom Bauamt sieht aber genau in diesen niedrigen Mieten ein Problem: Banken seien nur bedingt bereit, hohe Kredite zu gewähren, wenn sich kaum Rendite erwarten lasse, sagt er. »Wir brauchen ein höheres Mietniveau, sonst können wir den

Wohnungsstandard nicht erfüllen, den viele Großstädter erwarten«, sagt Hahn.

Das leuchtet ein: Wer 200 000 Euro für die Renovierung einer Wohnung geliehen haben will, für diese aber maximal 500 Euro Monatsmiete verlangen kann, wird das Geld wohl von keiner Bank bekommen.

Holzdielen, doppelt verglaste Fenster mit schönen Griffen und eine schicke Küche – so soll sie sein, die perfekte Altbauwohnung. Dass die Realität oft anders aussieht, weiß auch Marie Sirrenberg. Viele Wohnungen in der Prignitz seien nach der Wende »totsaniert« worden. »Da wurde nur das Allerbilligste genommen.« Und Vierzimmerwohnungen gebe es ohnehin so gut wie keine in der Stadt.

Jede Stunde ein ICE nach Hamburg und Berlin

Das Haus, das sie mit ihrer Baugruppe finanzieren will, soll nun auf nachhaltige Art entstehen, wenig Energie verbrauchen, den Platz möglichst effizient nutzen. Der Vorwurf, das neue Haus könne einer möglichen Gentrifizierung Auftrieb verleihen und dazu beitragen, dass die Stadt so aufgewertet wird, dass die ansässige Bevölkerung durch wohlhabende Zugewanderte vertrieben wird, lässt Sirrenberg kalt. »Wir sind keine Immobilienhaie. Uns geht es ja gerade darum, mit der Gemeinschaft günstiges Wohnen zu ermöglichen.«

Bauamtsleiter Hahn sieht Wittenberge ohnehin noch weit entfernt von Berliner Verhältnissen. »Wir streben Mietpreise von sieben bis acht Euro pro Quadratmeter an, das ist ja immer noch günstig, würde aber den Eigentümern die Sanierung erlauben.«

Kann man eine Stadt moderat gentrifizieren? Wird der Zustrom der Großstädter anhalten? Und wenn ja, wie wird die Kleinstadt sich verändern?

Es sind viele Fragen, die in Wittenberge noch offen sind und die sich in den nächsten Jahren entscheiden werden – spätestens 2027, wenn Wittenberge einen zweiten Bahnsteig bekommt, an dem jede Stunde ein ICE nach Hamburg und Berlin halten soll. Bis dahin, hofft Sirrenberg, wird sie schon längst mit den anderen Mitgliedern ihrer Baugruppe im großen Gemeinschaftsgarten unter den alten Kirschbäumen sitzen.

Coworking auf dem Land

»Ein Coworking-Space auf dem Land ist wie ein Korallenriff«

Ulrich Bähr, Jahrgang 1968, ist ein Vordenker der hybriden Arbeitswelt. Für die Heinrich-Böll-Stiftung erforschte er bereits vor Corona die Chancen der Digitalisierung für die Transformation des ländlichen Raums. 2019 gründete er mit Jean-Pierre Jacobi die CoWorkLand Genossenschaft, deren Ziel es ist, ländliche Coworking-Spaces flächendeckend aufzubauen. CoWorkLand versteht sich als Netzwerk und Buchungsplattform. Die Idee: Coworking-Spaces im ländlichen Raum sollen sich selbst gebündelt vermarkten und sich nicht ausbeuten lassen von Digitalfirmen, die für jede Buchung eine Provision kassieren. Die Preise legt jeder Coworking-Space selbst für sich fest. Etwaige Gewinne der Genossenschaft werden in Form einer Dividende an die Mitglieder ausgeschüttet. CoWorkLand hat sich aus einem Forschungsprojekt der Heinrich-Böll-Stiftung Schleswig-Holstein entwickelt, mit dem 2017 die Bedeutung von Coworking-Spaces im ländlichen Raum untersucht wurde. Das Projekt wurde damals unterstützt vom Bundesministerium für Landwirtschaft. Jede Gründerin und jeder Gründer eines Coworking-Spaces kann Mitglied werden, ein Anteil an der Genossenschaft kostet 500 Euro. Ab dem zweiten Mitgliedsjahr kostet der Jahresbeitrag 150 Euro. Dafür haben alle Mitglieder zum Beispiel Zugriff auf Checklisten zum Thema Versicherungen oder GEZ-Gebühren, auf Musterverträge und Hygienekonzepte. Die Genossenschaft unterstützt bei der Gründung von Coworking-Spaces und bietet Weiterbildungskurse an, zum Beispiel für Menschen, die landwirtschaftliche Betriebe in Coworking-Spaces oder Retreats verwandeln wollen, oder für Anbieter*innen von Ferienwohnungen.

Herr Bähr, Sie haben das CoWorkLand erfunden, eine gemeinwohlorientierte Genossenschaft für Coworking-Spaces auf dem Land. 2020 hatte Ihr Netzwerk deutschlandweit 30 Standorte, jetzt sind es schon mehr als 250. Sind Sie von dem Erfolg selbst überrascht?

Ich freue mich natürlich, dass unsere Idee durch Corona beflügelt worden ist. Vor der Pandemie klang es für viele wohl wie Science-Fiction, wenn wir erklärt haben, wie wir uns gemeinsames digitales Arbeiten im ländlichen Raum vorstellen. Jetzt müssen wir das Konzept niemandem mehr erklären. Die Zeiten, in denen man zwingend in der Nähe des Arbeitgebers wohnen musste, sind vorbei. Menschen interessieren sich deshalb wieder für das Leben auf dem Land, und viele Kommunen haben erkannt: Coworking-Spaces machen Wohnorte attraktiver.

Wieso das? Wer ein großes Haus auf dem Land hat, kann doch auch prima von zu Hause aus arbeiten.

Coworking-Spaces sind Orte für Menschen, die gern eine Gruppe sein wollen. Das ist wie mit der Stammkneipe: Es gibt Menschen, die ihr Bier gern daheim trinken, und Menschen, die dafür lieber in die Kneipe gehen. Man kann kommen und gehen, wann man will, man trifft immer nette Leute. Wer das Konzept mag, ist in der Regel davon so begeistert, dass dann auch weitere gemeinsame Projekte entstehen. Ein Coworking-Space auf dem Land ist wie ein Korallenriff.

Er zieht andere an?

Ja, genau. Wenn erst mal das Korallenriff da ist, kommen bald auch die Seeanemone und der Clownfisch vorbei. Diesen Effekt können wir in unserem Netzwerk sehr gut beobachten: Allein dadurch, dass es mit einem Coworking-Space plötzlich einen Ort gibt, an dem immer jemand da ist, wird schon viel in Gang gesetzt. Es dauert nicht lange, bis die ersten Ideen kommen: Könnt ihr nicht auch Pakete annehmen? Brötchen verkaufen?

Aber ein Coworking-Space ist doch keine Postfiliale.

Warum denn nicht? Wir sehen den Trend klar: Jenseits der Zentren sind Coworking-Spaces multifunktionale Orte. Sie werden zur neuen Ortsmitte.

In dem einen gibt es neben der Arbeitsfläche noch ein Café oder eine Bar, in einem anderen sogar eine Kita. Was vor Ort gebraucht wird, ist sehr unterschiedlich. Aber ein Coworking-Space eignet sich hervorragend, um diese Bedürfnisse zu identifizieren – und dann daraus weitere Standbeine zu entwickeln.

Wie lange dauert es denn, bis ein Coworking-Space auf dem Land schwarze Zahlen schreibt?

In unserem Netzwerk können wir beobachten, dass die meisten nach eineinhalb Jahren gut über die Runden kommen. Aber es gibt kein allgemeingültiges Erfolgsrezept. Einen Coworking-Space im ländlichen Raum kann man nicht am grünen Tisch planen. Was an welchem Ort funktioniert, muss man erst herausfinden, das Konzept muss sich entwickeln. Das ist gerade für Kommunen nicht einfach. Deshalb ist auch unser Pop-up-Konzept sehr beliebt: Wir eröffnen für eine begrenzte Zeit Coworking-Spaces in leer stehenden Räumen, etwa alten Scheunen, Bahnhöfen, Manufakturen, Pfarrhäusern, oder wir stellen eigene Tiny Offices auf.

Gibt es auch Orte, an denen dann gar niemand kommt?
Es gibt Orte, an denen es schwierig ist, insofern: ja, es ist uns auch schon passiert, dass keiner zum Arbeiten gekommen ist. Eine große Rolle spielt dabei die Erreichbarkeit. In Nordfriesland, aber auch in Thüringen und Sachsen hatten wir Pop-ups in wunderschöner Umgebung, die sich wohl eher als Retreat eignen würden – als Orte, an denen sich Teams für Meetings treffen oder die man für eine Coworkation nutzen könnte, eine Mischung aus Urlaub und Arbeit im Coworking-Space. Das funktioniert dann super in Kooperation mit Campingplätzen. Wir sehen generell eine sehr hohe Nachfrage nach Coworkations, das heißt, auch solche Orte haben Potenzial.

Wer finanziert denn diese temporären Coworking-Spaces?
Meist die Kommunen. Gerade in ländlichen Gebieten üben die Bürgermeister ihr Amt oft ehrenamtlich aus. Sie wissen, wie man Neubaugebiete erschließt oder Kitas plant, aber wenn es darum geht, die Infrastruktur für einen Coworking-Space zu schaffen, suchen sie Unterstützung. Und da kommen wir ins Spiel. Wer eine Vision für das Arbeiten im ländlichen Raum hat, kann sich bei uns melden. Gerade erst hatten wir zum Beispiel eine Kooperation mit der Region Leipziger Muldenland: Da haben wir gleich an sieben Orten temporäre Coworking-Spaces eröffnet; unter anderem in einem leer stehenden Herrenhaus und einer ehemaligen Rösterei.

Beteiligen sich denn auch Arbeitgeber an der Finanzierung?
Beim Aufbau neuer Coworking-Spaces eher nicht. Sie sind im Gegenteil froh, Büroflächen abzubauen. Denn das sehen wir klar als Trend: Für 100 Angestellte halten viele Firmen nur noch rund 70 Arbeitsplätze bereit. Durch die Reduzierung der Bürofläche sparen sie viel Geld. Eigentlich müsste es deshalb selbstverständlich sein, dass sie ihren Angestellten alle Kosten abnehmen, die im Zusammenhang mit mobiler Arbeit entstehen.

Aber das ist nicht so.

Nein, aber auch da tut sich was. Immer mehr Arbeitgeber kommen auf uns zu und wollen Arbeitsplätze für ihre Mitarbeitenden mieten. Für sie sind Zusammenschlüsse von Coworking-Spaces besonders interessant: Die Angestellten können dann aus mehreren verschiedenen Standorten flexibel wählen, wo sie wann arbeiten wollen. Zwei Tage pro Woche arbeiten sie vielleicht in der Zentrale, zwei Tage im Coworking-Space an ihrem Wohnort, einen Tag im Coworking-Space in Kundennähe.

Und Ihre Genossenschaft tritt dann als Vertragspartner auf?

Genau. Wir kümmern uns um die ganzen Formalien, und wir verhandeln auch die Konditionen. Derzeit sind die Preise der meisten Coworking-Spaces noch auf dem Vor-Corona-Niveau, als hauptsächlich Freelancer das Angebot genutzt haben. Im Durchschnitt kosten Tagestickets so um die 20 Euro. Arbeitgeber profitieren im Vergleich zu Freiberuflern aber sehr viel mehr von der Infrastruktur eines Coworking-Spaces, sie haben einen höheren Mehrwert. Hier wollen wir höhere Preise verlangen.

Wieso sollen Firmen mehr bezahlen als ein Freiberufler?

Für Büros gibt es viele Vorschriften, die Arbeitgeber erfüllen müssen. Sie sind zum Beispiel verpflichtet, sich um die Einhaltung der Arbeitsstättenverordnung zu kümmern. Was passiert nun, wenn ein Dritter die Plätze bereitstellt? Das ist im Moment juristisch noch ein Graubereich. Um da Rechtssicherheit zu schaffen, haben wir zusammen mit der Unfallkasse Nord einen Leitfaden erarbeitet. Das nimmt den Arbeitgebern viel Arbeit ab.

Und wir sehen, dass sie teilweise sogar in Stellenanzeigen damit werben, dass ihre Angestellten in Coworking-Spaces arbeiten dürfen.

Wie verändern sich die Coworking-Spaces, wenn sie immer mehr zum Ersatz für Firmenzentralen werden?

Auf dem Land war es schon immer so, dass in Coworking-Spaces der Steuerberater neben der Informatikerin sitzt. Die Gruppe der Coworker ist da sehr viel heterogener als in den Städten, insofern ändert sich dadurch wahrscheinlich gar nicht so viel. Aber insgesamt ist natürlich viel in Bewegung. Der dritte Arbeitsort wird bald zur Daseinsfürsorge gehören.

Wie meinen Sie das?

Kita, Kaufmann, Coworking – das sind die Bedürfnisse, die erfüllt sein müssen, damit sich Menschen an ihrem Wohnort wohlfühlen. Eine Studie des Bundesministeriums für Arbeit und Soziales hat ergeben, dass es in Deutschland ein Potenzial von 2,5 Millionen Menschen gibt, die gern in Coworking-Spaces arbeiten würden. Wir sind noch weit davon entfernt, so viele Arbeitsplätze anbieten zu können, aber ich bin überzeugt davon, dass wir in fünf Jahren schon eine gute Flächendeckung haben werden. Unsere Vision ist, dass 2030 jeder Mensch in Deutschland maximal 15 Minuten zum nächsten Coworking-Space braucht.

Mit dem Auto?

Nein, wir sprechen von 15 Minuten mit dem Fahrrad.

Methoden

IT-Sicherheit im Coworking-Space

Für ihre Kolleg*innen heißt Nicole Wronski »Niw«. Es ist kein Spitzname, sondern ihr internes Firmenkürzel. Ob Marc, Nicola, Tessa oder Yannick – bei dem Beratungsunternehmen Blackboat werden die Namen aller Mitarbeitenden mit Silben aus drei Buchstaben ersetzt. Genauso wie die Firmennamen ihrer Klient*innen. So entsteht eine Art Geheimsprache, die nur innerhalb der Firma Sinn ergibt: »Niw kümmert sich um die Anfrage von Map.«

Für neue Kolleginnen und Kollegen sei das am Anfang mitunter irritierend, gibt Wronski zu. »Aber man gewöhnt sich ziemlich schnell daran, weil auch alle Projektordner und Kanäle so benannt sind.«

Und das System habe sich bewährt: »Das bringt uns viele Freiheiten. Ob jemand gerade im Zug sitzt, in einem Coworking-Space oder einem Café, spielt kaum eine Rolle. Wir können uns überall über unsere Projekte unterhalten. Jeder und jede kann mithören, aber niemand versteht, um wen es geht.«

»Screen Blinds«, Folien, die verhindern, dass Umstehende mitlesen können, was auf dem Laptopmonitor steht, gehören bei Blackboat zur Standardausstattung. In Kombination mit der firmeneigenen Geheimsprache könne beim mobilen Arbeiten im Grunde nichts mehr schiefgehen, sagt Wronski. »Aber man sollte natürlich schon den Rechner sperren, wenn man den Platz verlässt.« Auch ihr sei es schon mal passiert, dass sie das vergessen habe: »Wer bei uns im Büro dabei erwischt wird, muss ein Bier oder eine Pizza ausgeben.«

Blackboat beschäftigt 40 Menschen, darunter IT-Entwicklerinnen, Cloud-Experten, Grafikdesignerinnen, Architekten und Podcaster, die anderen Firmen bei der digitalen Transformation helfen. Zu ihren Kunden gehören beispielsweise die Otto Group, der Carlsen Verlag, die Optikerkette Fielmann, der Onlinemodehändler About You und Jägermeister. Wronski hat eine Journalistenausbildung und Psychologie studiert, bei Blackboat gehört sie zum Führungsteam.

»Schneller, effizienter und mit mehr Spaß arbeiten«, ist das Blackboat-Versprechen. Und die Beratungsagentur selbst will als Vorbild dienen.

Alle 40 Angestellten können ihre Arbeitsorte und auch ihre Arbeitszeiten weitgehend frei wählen. »Wenn jemand für einen Workshop bei einem Kunden gebucht ist, muss er oder sie natürlich dort sein«, sagt Wronski. »Aber alle anderen Aufgaben kann man sich selbst einteilen.«

In den Firmenbüros in Hamburg und Berlin kommt das gesamte Team nur zu besonderen Anlässen zusammen.

»Maximale Freiheit, ohne die Freiheit der anderen einzuschränken«, lautet die Firmendevise. Durch gegenseitige Kalenderzugriffe wissen alle, wann wer erreichbar ist. Unterschieden wird zwischen synchroner und asynchroner Kommunikation. Zur synchronen Kommunikation zählen Telefonate, Meetings, Videocalls – also alles, was Menschen zeitgleich erledigen müssen. Bei Blackboat werden so viele Aufgaben wie möglich asynchron erledigt, das heißt, kommuniziert wird per Slack, Chat oder gemeinsam genutzten Dokumenten. Und jeder zu seiner Zeit. Doch es gilt: Je emotionaler das Thema, desto synchroner der Kanal. Welche Aufgaben wie zu erledigen sind und wann eine Antwort erwartet wird, wird vorher klar kommuniziert.

Statt alle Mitarbeiter*innen jeden Tag zur selben Zeit zu einer Videokonferenz zusammenzuschalten, hat Blackboat in der Produktivitäts-App Slack einen eigenen Kanal mit dem Titel »die Lage«

erstellt. Dort postet jeder jeden Morgen einen kurzen Absatz, in dem folgende Fragen beantwortet werden: Woran arbeite ich gerade? Wo befinde ich mich? Wann bin ich erreichbar?

»Manche Kolleg*innen fangen selten vor zehn Uhr morgens mit der Arbeit an, andere sind immer schon um fünf Uhr am Start. Einen gemeinsamen Termin zu finden, wäre schwierig. Aber es ist auch nicht nötig«, sagt Wronski.

Ihre Kund*innen treibe derzeit vor allem eine Frage um, sagt sie: »Wie kriegen wir unsere Mitarbeitenden wieder ins Büro?« Sie antworte dann immer mit einer Gegenfrage: »Warum sollen sie denn zurück ins Büro?« Darauf folge dann meistens erst mal Schweigen.

Sie kennt all die Vorurteile, die Menschen gegenüber mobilem Arbeiten haben: »Aha, Kollege Meier hat noch gar nicht geantwortet. Bestimmt schaut der gerade Netflix.« Aber tatsächlich gehe es in solchen Fällen eher um die Frage: Was liegt hinter diesen Ängsten? Fürchtet da jemand um seine Macht? Fühlt sich jemand nicht gesehen?

Denn tatsächlich weiß man ja auch bei den Kolleg*innen im Büro nicht, ob sie gerade fleißig sind – oder Bilder auf Instagram betrachten oder in Kleinanzeigen stöbern.

Experiment Coworking

Der Traum vom 15-Minuten-Arbeitsweg

Zu Hause quengeln die Kinder, die Firmenzentrale ist weit entfernt – der IT-Dienstleister Datev hat seine Mitarbeiter*innen deshalb die Arbeit in Coworking-Spaces testen lassen. Rainer Schubert ist dort »Leiter Entwicklung neuer Arbeitswelten«. Die Firma hat mehr als 8300 Mitarbeitende und bietet Software- und Cloud-Lösungen für Steuerberater*innen an.

Herr Schubert, Ihr Jobtitel klingt großartig: »Leiter Entwicklung neuer Arbeitswelten«. Was für Arbeitswelten entwickeln Sie denn so?

Als ich 2008 bei Datev angefangen habe, war ich für die Belegungs- und Einrichtungsplanung der Büros zuständig. Bald darauf begannen erste Planungen für eine neue Firmenzentrale. 2015 wurde sie fertiggestellt – und es zeigte sich, dass unsere Bürokonzepte teilweise nicht mehr passten. Die Arbeitsanforderungen hatten sich in der Zwischenzeit verändert. Dadurch wurde uns klar: Wir müssen uns mehr mit dieser Veränderungsdynamik beschäftigen, den Menschen und nicht den Raum in den Mittelpunkt rücken. Heute habe ich eine eher strategische Rolle. Mein Ziel ist es, dass jede Mitarbeiterin und jeder Mitarbeiter für jede Aufgabe die ideale Arbeitsumgebung zur Verfügung hat, ohne dafür stundenlang pendeln zu müssen. Wie das gelingen kann, dazu forschen wir gerade.

Und was haben Sie bisher herausgefunden?
Wir brauchen sogenannte »Third Places«, dritte Orte, als Ergänzung zu Homeoffice und Firmenzentrale. Bei Datev gab es schon vor der Pandemie die Möglichkeit, im Homeoffice zu arbeiten. Als der Lockdown kam, hatten wir das Glück, dass die ganze Firma komplett digital arbeiten konnte. Aber die Nachteile der Arbeit im Homeoffice kennen wir alle: Wer allein lebt, fühlt sich schnell einsam und isoliert. Wer Kinder hat, kommt nur schwer zur Ruhe. Auf dem Land fehlt vielerorts noch die Internetbandbreite, und in der Stadt muss man sich ein eigenes Arbeitszimmer erst mal leisten können. Wir brauchen deshalb kein Recht auf Homeoffice, sondern ein Recht auf ortsunabhängiges Arbeiten. Und dazu gehört auch ein vernünftiger Arbeitsplatz in Wohnortnähe.

Sie meinen flächendeckende Coworking-Spaces?
Ganz genau. Von der Bürgermeisterin von Paris kennen wir das Konzept der »15-Minuten-Stadt«: In 15 Minuten sollen die Menschen alles erreichen können, was sie zum Leben benötigen. Unsere Vision ist es, dass unsere Mitarbeitenden in 15 Minuten einen geeigneten dritten Arbeitsort erreichen können. Nürnberg ist unser Hauptstandort, und unsere Angestellten leben im Einzugsgebiet von bis zu 100 Kilometern drum herum. Manche pendeln pro Weg bis zu zwei Stunden, verbringen also vier Stunden am Tag im Zug oder im Auto. Das ist anstrengend und auch wenig nachhaltig. Deshalb haben wir gemeinsam mit fünf Coworking-Spaces ein Pilotprojekt gestartet und alle Mitarbeitenden, die im 15-Minuten-Radius um die Coworking-Flächen wohnen, zum Test eingeladen.

Beziehen sich die 15 Minuten auf die Fahrtzeit mit dem Auto?
Wir haben hohe Nachhaltigkeitsziele, deshalb ist es unser Anliegen, dass man möglichst kein Auto braucht, um einen unserer Arbeitsplätze zu erreichen. Die meisten Teilnehmer*innen haben für den Weg in die Coworking-Spaces das Rad genommen oder den öffentlichen Nahverkehr genutzt, manche kamen auch zu Fuß. Vor dem Pilotprojekt sind fast alle mit dem Auto zu unseren Standorten gependelt, viele sogar täglich. Die Coworking-Spaces sollen keinesfalls unsere Standorte überflüssig machen, sondern das Homeoffice ergänzen, wo es notwendig ist.

Wie viele Ihrer Mitarbeiter*innen haben denn bei dem Projekt mitgemacht?
In der ersten Phase hatten wir 150 aktive Nutzer*innen. In der zweiten Phase haben wir den Radius erweitert, dadurch kamen noch mal 170 Teilnehmer*innen hinzu. Die überwiegende Mehrheit war begeistert von der Option, im Coworking-Space arbeiten zu können. Sie sagten, Familie und Beruf seien während des Pilotprojekts für sie leichter vereinbar gewesen und sie hätten sich besser ernährt und mehr bewegt.

Und weil gesündere Mitarbeiter*innen produktiver sind, lohnt sich als Arbeitgeber die Investition in Coworking-Spaces?
Ich bin davon überzeugt, dass es sich für Unternehmen auszahlt, in das Wohlbefinden ihrer Angestellten zu investieren. Und auch für potenzielle Bewerber*innen wird man als Arbeitgeber so interessant. In Berlin haben wir jetzt schon ein ganzes Entwicklungsteam, das zusammen in einem Coworking-Space arbeitet. Und ich habe gerade mit einer neuen Mitarbeiterin gesprochen, die erst durch die Möglichkeit des mobilen Arbeitens auf uns aufmerksam geworden ist. Weil sie mehr als 100 Kilometer von unserer Zentrale in Nürnberg entfernt lebt, hatte sie Datev bei der Jobsuche gar nicht auf dem Schirm. Deutschlandweit passende Arbeitsplätze in

Wohnortnähe anbieten zu können, macht uns sicherlich für Fachkräfte noch attraktiver.

Und wer soll diese Coworking-Spaces aufbauen?
Engagierte Gründer*innen und die jeweiligen Kommunen. Je mehr Arbeitgeber die Chance dritter Arbeitsorte erkennen, desto lukrativer wird die Gründung eines Coworking-Spaces. Und auch für die Kommunen lohnt sich die Förderung. Wir sehen auf dem Land vielerorts den Donut-Effekt: Der Stadtkern ist wie ausgestorben und drum herum entstehen immer weitere Neubau- und Gewerbegebiete. Ein Coworking-Space im Zentrum kann dem entgegenwirken. Denn wenn die Menschen zum Arbeiten in die Innenstadt kommen, werden sie dort auch mittags essen, abends noch was einkaufen, zwischendurch vielleicht zum Arzt gehen.

Konzerne könnten auch einfach ihre Firmenzentralen für externe Gäste öffnen und all die leeren Schreibtische zur flexiblen Nutzung freigeben.
Unseren Mitarbeiter*innen stehen alle 23 Niederlassungen offen. Beschäftigte aus Nürnberg können zum Beispiel einen Städtetrip in Hamburg mit ihrer Arbeit verbinden. Unsere Standorte auch für Externe zu öffnen, ist eine charmante Idee, die aber derzeit noch am Datenschutz scheitert. Datenschutz und IT-Sicherheit sind unser höchstes Gut. Deswegen dürfen Besucher*innen nur in Begleitung hinein.

Aber wie machen Sie das dann in den Coworking-Spaces?
Wir haben für unsere Mitarbeiter*innen in den Coworking-Spaces eigene Räume gemietet. Wir arbeiten auch mit verschiedenen Vertraulichkeitsstufen, unsere Mitarbeiter*innen sind entsprechend geschult und wissen, welche Arbeitsumgebung wann passt. Datenschutz ist unser Kerngeschäft, das nehmen wir sehr ernst.

Das Pilotprojekt ist beendet. Wie geht es jetzt weiter?
Mobiles Arbeiten ist das optimale Zusammenspiel zwischen unseren Bürostandorten, dem Homeoffice und alternativen dritten Orten, wie zum Beispiel Coworking-Spaces. Wir haben dazu ein Konzept ausgearbeitet, das wir im Laufe des Jahres noch besser an unsere betrieblichen Anforderungen und die Bedürfnisse unserer Mitarbeiter*innen anpassen und weiterentwickeln wollen.

Workation in den Alpen

»Aktivurlaub« mal anders

Der Skitourismus bricht weg, jetzt sollen Leute mit Laptops kommen: Der Verein Coworkation Alps will die Bergregionen als kombinierte Arbeits- und Erholungsorte etablieren. Vorsitzende Veronika Engel arbeitet als Regionalmanagerin für neue Arbeitswelten beim Landkreis Miesbach in Oberbayern. Zwei Tage in der Woche ist sie für Coworkation Alps tätig. In dem 2019 gegründeten Verein sind rund 50 Mitglieder wie Gemeinden oder Touristikanbieter zusammengeschlossen.

Frau Engel, warum sollten Firmen ihre Mitarbeiter*innen auf Berghütten schicken?
Der Fachkräftemangel zwingt Firmen, auf ihre Arbeitnehmer*innen zuzugehen und gute Umgebungen zu schaffen. Sonst bekommt man einfach kein qualifiziertes und motiviertes Personal. Unternehmen müssen sich überlegen, wie sie ihre Leute nicht nur gewinnen, sondern auch halten können. Coworkation ist eine Möglichkeit, wie man auf die Mitarbeiterzufriedenheit und aufs Image als Arbeitgeber einzahlen kann.

Einzahlen ist ein gutes Stichwort. So etwas ist ja nicht billig.
Es ist natürlich ein Unterschied, ob man so etwas im Team macht, mit einer ganzen Abteilung oder gleich der ganzen Firma. Aber der Abstand zum Arbeitsalltag im Büro, die flexible Zeiteinteilung

und die inspirierende Umgebung setzen kreative Ressourcen frei, an die man sonst nicht ohne Weiteres herankommt. Das kann sich schon rechnen, weil so neue Ideen entstehen und alle miteinander produktiv vorankommen. Bei vielen Firmen sind außerdem Kapazitäten frei geworden – viele Angestellte arbeiten ja zumindest einen Teil ihrer Arbeitszeit zu Hause, sodass man weniger Bürofläche braucht.

Und warum ausgerechnet in die Berge?
In den Bergen klappt vieles, was in einem Bürokomplex in der Stadt niemals entstehen könnte. Berge sind Kraftorte, die selbsterklärend sind: Man geht vor die Tür und braucht keine große Anleitung, was man hier machen soll. Die Erholung kommt sofort.

Sie haben im Frühjahr eine Studie veröffentlicht, die auch abfragte, wie viele Arbeitnehmerinnen und Arbeitnehmer denn überhaupt schon einmal auf Coworkation waren. Das waren sehr wenige.
Viele Unternehmen würden das tatsächlich gern anbieten, aber sind noch skeptisch wegen der manchmal etwas unklaren arbeits- und steuerrechtlichen Lage. Da braucht es noch mehr Sicherheit.

Ist nicht auch ein bisschen Verzweiflung dabei, wenn jetzt ausgerechnet Wintersportorte auf Workation setzen wollen? Nach dem Motto: Der Schnee ist weg, dann gibt es halt Büros statt Pisten?
Aus Verzweiflung heraus ein Konzept aufzubauen, ist schwierig. Es war ja schon lange absehbar, dass der Wintersport in unseren Höhenlagen auf lange Sicht nicht mehr die Cashcow wird sein können. Aber viele wollten das nicht wahrhaben. In den Alpen haben wir sehr viele sehr satte Regionen, die noch gar nicht darüber nachgedacht haben, dass sie sich jetzt überhaupt bewegen müssen. Viele Gemeinden muss man zum Jagen tragen. Die waren immer

voll, immer gut ausgelastet. Aber der Wunsch nach Veränderung und der Handlungsbedarf werden allmählich größer. Es gibt auch viele kleine Gemeinden, die mit Abwanderung zu kämpfen haben und offen sind für dezentrale Konzepte. Und jetzt nur zu sagen, hey, wir haben WLAN, lass doch Coworkation anbieten, das wird nicht funktionieren.

Was haben Sie denn zu bieten?
Der Begriff Coworkation setzt sich aus drei Faktoren zusammen: Community, Work und Vacation – Gemeinschaft, Arbeit und Erholungsreise. Das Thema Community ist sehr wichtig. Es ist völlig legitim, seinen Laptop irgendwo aufzuschlagen und loszulegen, aber wir wollen mehr: Wir wollen, dass die Leute in einer Arbeitsgemeinschaft zusammenkommen. Die muss nicht unbedingt schon eine bestehende sein, die kann sich auch neu finden. Man möchte nicht der Sonderling sein, der als Einzige*r mit Laptop im Café sitzt. Dafür braucht es eine gute Infrastruktur jenseits des Hotelzimmers, einladende Orte, die auch von der Gemeinde gewollt sind und an denen man auch mit Einheimischen in Kontakt kommt.

Sie werben dafür, dass Coworkation auch ein Rezept gegen Leerstand sein kann. Wie gut funktioniert das bisher?
Mühlen in Gemeindeverwaltungen mahlen oft relativ langsam. Aber es gäbe viele tolle Möglichkeiten: Die Gemeinde Berwang in Österreich hat eine leer stehende Bankfiliale direkt im Rathaus – das wäre ein idealer Coworking-Space, weil schon alles drin ist, was man braucht. Kitzbühel hat mit einem Container-Coworking das Thema mal ausprobiert – für Einheimische und für Gäste, und will es langfristig in die Tourismusentwicklung mit aufnehmen. In Neustift haben wir eine Schule mit einem Pop-up-Coworking-Space bespielt.

Gibt es denn auch ein Projekt, das geblieben ist?
Nehmen Sie den Mesnerhof-C in Steinberg am Rofan. Das ist eigentlich eine verschlafene kleine Gemeinde, aber dort ist auf einem alten Hof etwas entstanden, das mittlerweile eine zentrale Anlaufstelle für New-Work-Konzepte ist. Firmen wie Google, Adidas, BMW und Red Bull geben sich da die Klinke in die Hand. Eine niederländische Firma hat während der Coronazeit drei Monate lang den kompletten Hof gemietet, quasi als Satellitenbüro. Solche Projekte sind sehr getrieben von Einzelpersonen, von motivierten Leuten, die das Thema vorantreiben, die tolle Locations und tolle Konzepte haben.

Sind eher kleinere oder eher größere Locations gefragt?
Vor zwei Jahren hätte ich noch gesagt: auf jeden Fall kleinere. Aber das ändert sich gerade. Wir haben jüngst die Anfrage einer Firma bekommen, die mit 140 Mitarbeiter*innen eine Location sucht, wo sie ein oder zwei Wochen Arbeit und Urlaub verbinden können. Die waren vergangenes Jahr im Workation Village im Piemont, auch einem Mitglied von uns. Zunehmend werden auch dezentrale Angebote wichtig – es muss ja nicht die ganze Firma immer am selben Ort sein.

Tiny Office

Hauptquartier zwischen Hortensien

»Schatz, ich fahre ins Büro«, sagt Alexander N. morgens gern im Scherz. Dann schlendert er vorbei an Beeten und Büschen, über den Fischteich, in sein Gartenhäuschen und freut sich, dass er nicht wie früher im Stau stehen muss. Der Vertriebler einer Software-firma hat sich ein voll eingerichtetes Arbeitszimmer in den Garten bauen lassen: Zwölf Quadratmeter groß, dank Klimaanlage sommers wie winters gut temperiert.

»Ich habe jahrelang am Wohnzimmertisch gearbeitet«, erzählt Alexander N. »Das war aber belastend, weil es keine echte Trennung zwischen Lebensraum und Arbeit gab. Wenn der Laptop immer da ist, dann guckt man auch immer mal rein. Es hört dann einfach nie auf – man denkt immer an die Arbeit.«

Mit seiner Frau lebt er in einer rund 90 Quadratmeter großen Wohnung in Gelsenkirchen. Das Haus mit drei Wohneinheiten gehört dem Paar. Ihr Garten hat rund 500 Quadratmeter.

Viele Arbeitnehmer*innen, die die Möglichkeit dazu haben, suchen jetzt nach weiteren Optimierungsmöglichkeiten. Sei es ein Coworking-Space, um nicht im Homeoffice zu vereinsamen – oder eben ein Gartenhaus, mit dem man sich sogar von der eigenen Familie abkoppeln kann.

Der Trend zum Hauptquartier zwischen Hortensien hat die bis dato eher konservative Gartenhaus-Branche voll erfasst. Immer mehr Hersteller bieten seit neuestem Bürohäuschen als Komplettpaket inklusive Innenausstattung und Elektroinstallationen schlüsselfertig an. Die Zielgruppe ist attraktiv: Zahlungskräftig, mit eigenem Grundstück und bereit, für Extras ein paar Tausender draufzulegen.

Das Gartenbüro von N. hat rund 50 000 Euro gekostet. Das ist eher das obere Ende der Preisskala. »Wir wollten einen zusätzlichen Raum mit Mehrwert haben. Das Design haben wir uns selbst überlegt«, sagt N. Die Investition hat sich aus seiner Sicht mehr als gelohnt: »Meine Arbeit besteht zu rund 80 Prozent aus Zoom-Meetings. Ich rede den ganzen Tag mit Leuten. Meine Kollegen habe ich mit dem Laptop in der Hand per Video durch mein neues Büro geführt, alle waren begeistert. Derzeit arbeite ich mit einem WLAN-Verstärker, das reicht auch für Videomeetings gut aus.«

Rafael Bogatzki, Geschäftsführer des Anbieters Gartana, produziert mittlerweile 20 bis 25 der Bürohäuschen pro Jahr. »Unsere Kunden kommen meist aus dem gehobenen Management oder sind Selbstständige. Meist über 30 Jahre alt, das geht hoch bis kurz vors Rentenalter.«

Auch Timo Werner, Vertriebsleiter des Anbieters Gartenhausfabrik, sagt: »Seit viele Unternehmen ihre Präsenzvorschriften gelockert haben, merken wir, dass viele Kunden einfach ein zusätzliches Arbeitszimmer haben möchten. Wir verkaufen im Jahr rund 2500 Gartenhäuser, davon werden schätzungsweise 5 bis 10 Prozent als Arbeitszimmer genutzt – das ist ein neuer Trend, den es vor Corona so nicht gab. Beliebt dabei sind Flach- oder Pultdach, das klassische Satteldach ist kaum noch gefragt. Die Kunden sind meist über 40 Jahre alt und gut situiert; die wünschen sich mindestens einen großen Raum, oft aber noch einen Nebenraum, entweder als Abstellfläche oder für ein kleines Bad mit Toilette. Will man das Haus ganzjährig nutzen, sollte man auf gute Isolierung achten – und sowohl den Boden als auch das Dach zusätzlich dämmen. Es lohnt sich auch, mit dem Schornsteinfeger zu sprechen; mit einem kleinen Holzofen kann man so ein Gartenhaus preiswert richtig warm bekommen. Große Glasflächen sind zwar schön, aber bodentiefe Fenster ziehen natürlich auch viel Wärme ab.«

Der Hamburger Tischlermeister Stefan Bánk hatte die Idee zu einem »Zweithaus«, so der Name seiner Firma, als Gartenbüro schon vor rund zwölf Jahren. »Wir wohnten damals mit den Kindern in einem offen gebauten Einfamilienhaus, und es fehlte an einem Rückzugsraum, an dem man mal ungestört arbeiten konnte.« Er bietet mittlerweile seinen Entwurf als standardisierte Homeoffice-Lösung an – auf Wunsch mit patentiertem Schraubfundament. »Seit dem Sommer trudeln die Aufträge rein«, berichtet er. Seine Firma habe eine Vorlaufzeit von zehn bis zwölf Wochen. Mehrere seiner Kund*innen, »meist mittlere Angestellte«, hätten sich die hauseigene Außenstelle sogar vom Arbeitgeber bezahlen lassen. Aber auch für Selbstzahler*innen lohne sich die Sache: »Das kann man ja steuerlich voll absetzen«, sagt er. (Lesen Sie dazu auch das Interview mit Steuerexperte Peter Schmitz auf S. 80).

Die Buchhalterin Claudia S. arbeitet ebenfalls im eigenen Tiny Office. In der Pandemie ging es für sie erst ins Homeoffice, dann in den Garten. »Den direkten Kontakt zu den Kollegen habe ich weiterhin – wir sprechen jeden Tag per Video und tauschen uns dadurch genauso rege aus wie früher im Büro. Es ist Luxus, die Pendelzeit zu sparen. Obwohl die Kinder schon groß sind, gab es das Problem, dass im Homeoffice keiner respektiert, dass man arbeitet. Gefühlt steht man trotzdem immer zur Verfügung, weil man ja da ist.«

37 000 Euro hat ihr Häuschen gekostet. »Eine absolut lohnende Investition. Es ist im Gespräch, ob mein Arbeitgeber sich an den Kosten beteiligt – vielleicht sogar rückwirkend.« Nur acht Quadratmeter hat ihr neues Büro, aber die reichen ihr: »Gerade angesichts der Energiekosten bin ich froh, diese Größe gewählt zu haben – ich habe mit dem Schreibtischstuhl genug Bewegungsfreiheit und sogar noch Platz für einen gemütlichen Sessel, wenn ich in der Pause abschalten möchte. Ich blicke bei der Arbeit in den Garten – und, was mir besonders gut gefällt, auch auf unser Haus. Das ist ein Blickwinkel, den man sonst selten hat. Ich liebe mein

Büro. Und wenn ich einmal nicht mehr arbeite, habe ich das perfekte Gästehaus.«

Wer sich ein Garden Office einrichten will, muss allerdings ein paar mehr Kriterien beachten als bei einem Geräteschuppen. Zwar gilt in den meisten Bundesländern: Bis zu 30 Kubikmeter sind genehmigungsfrei, wenn man ausreichend Abstand zum Nachbargrundstück einhält – aber das hängt auch von der Art der Nutzung ab. »Wird ein solches Gebäude dauerhaft bewohnt und verfügt auch über Sanitäranlagen, kann es auch bei einer Größe unter 30 Kubikmetern durchaus genehmigungspflichtig sein«, sagt Anbieter Bogatzki. »Um das zu klären, sollte man sich immer mit dem zuständigen Bauamt abstimmen, das von Fall zu Fall entscheidet.« Und wer etwa die Laube im Schrebergarten als Büroadresse angibt, könnte Ärger wegen nicht bestimmungsgemäßen Gebrauchs bekommen.

Während sich private Gartenbüronutzer*innen mit solchen Detailfragen herumplagen, denken Anbieter wie die niederländische Firma MyHomeoffice schon längst mehrere Nummern größer. Rund 100 der kleinen Häuschen mit dem markanten Schrägdach hat Firmengründer Bart Berkhout in den vergangenen anderthalb Jahren verkauft. Auch mieten kann man die Mini-Mobilien. Jetzt will er mit Großkunden ins Geschäft kommen. »Wir sind in Gesprächen mit einem großen Leasinganbieter«, sagt er, »denkbar ist, dass ein Unternehmen eine bestimmte Anzahl unserer Häuser mietet oder least und die den Angestellten zur Verfügung stellt – wir kommen dann mit dem Kran und stellen das Homeoffice auf. Kündigt der Mitarbeiter, wird es halt wieder abgeholt. Ich sehe großes Potenzial auch für ländliche Regionen: Leute lieben die Atmosphäre auf Bauernhöfen – warum sollte sich ein Landwirt nicht ein paar Häuser hinstellen und die untervermieten? Auch Golfclubs haben bei uns angefragt, weil es für viele Mitglieder attraktiv ist, Arbeit und Sport miteinander zu verbinden.« In Deutschland will das Unternehmen in Freizeitregionen wie dem Hunsrück oder der

Eifel in Zusammenarbeit mit einem deutschen Partner alte Campingplätze zu Ferien- und Workation-Plätzen ausbauen – mit je 20 arbeitstauglichen Minihäusern.

Alexander N. freut sich schon auf die nächste Schönwettersaison in seinem neuen Gartenbüro. Im Sommer will er noch eine Außenküche dranbauen. Dann muss er tagsüber gar nicht mehr in die Wohnung.»Die Frage ist jetzt, ob die Faszination dieser Arbeitsweise auf Dauer bestehen bleibt oder ob sich das abnutzt. Es ist aber einfach so angenehm, dass ich glaube: Das bleibt. Ich könnte mir nicht mehr vorstellen, ins Büro zu fahren. Ich sehe keinen Vorteil darin.«

Organisation

Diese Kosten können Sie bei der Steuer geltend machen

Peter Schmitz ist Steuerexperte und Geschäftsführer der Buhl Tax Service GmbH. Er verantwortet das Programm WISO Steuer, die führende Software für die jährliche Einkommenssteuer, vielfacher Testsieger der Stiftung Warentest.

Herr Schmitz, meine Kollegin hat ein schönes Haus mit Garten und hat mich zum Coworking eingeladen. Kann ich die Fahrtkosten zu ihr bei meiner Steuererklärung geltend machen?
Ja, das können Sie. Ein solcher Fall ist zu behandeln wie eine Lerngemeinschaft. Da gibt es schon etliche Urteile, die besagen, dass für die Fahrtkosten zum gemeinsamen Lernort die Entfernungspauschale gewährt werden muss. Für die ersten 20 Kilometer sind das 30 Cent pro gefahrenen Kilometer, ab dem 21. Kilometer dann 35 Cent. Und wenn Sie länger als acht Stunden bei Ihrer Kollegin gearbeitet haben, können Sie auch den Verpflegungsmehraufwand geltend machen in Höhe von 14 Euro. Wichtig ist allerdings, dass Sie gegenüber dem Finanzamt glaubhaft machen können, dass Sie tatsächlich bei der Kollegin gearbeitet haben und dies kein rein freundschaftlicher Besuch war.

Und wie mache ich das?
Idealerweise haben Sie eine Bestätigung des Arbeitgebers. Das muss kein formales Schreiben der Geschäftsführung sein, eine E-Mail eines Teamleiters oder einer Teamleiterin reicht. Und wenn Sie das nicht haben, ist zumindest eine Bescheinigung hilfreich, aus der hervorgeht, dass Sie im Homeoffice arbeiten dürfen. In vielen Firmen gibt es inzwischen entsprechende Betriebsvereinbarungen.

Muss ich diese Dokumente dann gleich zusammen mit meiner Steuererklärung einreichen?
Nein, Sie müssen sie nur auf Nachfrage vorzeigen. Finanzämter arbeiten heutzutage auch mit Computerprogrammen, das heißt, die Beamten befassen sich üblicherweise nur dann mit einzelnen Steuererklärungen, wenn diese in der ersten, automatischen Prüfung aus irgendwelchen Gründen aufgefallen sind. Deshalb gilt für alle Belege: Einfach sammeln und sortieren, dann sind Sie auf der sicheren Seite. Und je klarer der Arbeitsbezug aus den Belegen hervorgeht, desto einfacher ist die Anerkennung durchs Finanzamt.

Bei einem Tagespass eines Coworking-Spaces ist so ein Arbeitsbezug ja auf jeden Fall gegeben, oder?
Ja. Ein Coworking-Space ist ja per se eine ernsthafte Umgebung, da dürfte niemand bezweifeln, dass es sich um berufliche Ausgaben handelt. Aus der Rechnung sollte hervorgehen, wie viel Sie für die Miete des Arbeitsplatzes, fürs WLAN oder auch fürs Drucken gezahlt haben. Wenn Sie eine Flatrate für Kaffee oder ein Mittagsbuffet dazugebucht haben, müssen Sie diese Kosten abziehen. Aber wie beim Coworking bei der Kollegin gilt: Sie dürfen die Entfernungspauschale geltend machen und bei einem Aufenthalt von mehr als acht Stunden auch den Verpflegungsmehraufwand. Und je nachdem, welcher Steuersatz für Sie gilt, können Sie damit rechnen, 30 bis 40 Prozent der Rechnungssumme als Werbungskosten erstattet zu bekommen.

Gilt das auch, wenn mein Arbeitgeber mir einen Arbeitsplatz zur Verfügung stellt und ich eigentlich nicht im Coworking-Space arbeiten müsste?

Ja. Wenn Ihr Arbeitgeber die Arbeit außerhalb des Büros erlaubt, ist es Ihnen überlassen, ob Sie zu Hause im Arbeitszimmer oder am Küchentisch arbeiten, ob Sie sich zum Coworking mit Ihrer Kollegin verabreden oder sich in einem Coworking-Space einmieten. Anders sieht es aus, wenn Ihr Arbeitgeber die Miete für den Platz im Coworking-Space übernimmt. Dann haben Sie ja keine Kosten und können auch keine beim Finanzamt geltend machen.

Wie sieht es aus, wenn ich Urlaub und Arbeit kombiniere und zum Beispiel von einem Wellnesshotel aus arbeite?

Dann wird die Argumentation schwierig werden. Am besten stellen Sie sich selbst die Leitfrage: Wie kann ich glaubhaft machen, dass ich wirklich gearbeitet habe? Sie müssen die Kosten, die Ihnen für die Arbeit entstehen, herauskristallisieren und gesondert greifbar machen. Separate Abrechnungen können da hilfreich sein, zum Beispiel für einen Meetingraum, den Sie für einen Tag dazubuchen. Aber auch wenn Sie solche Belege haben, können Sie für die An- und Abreise keine Entfernungspauschale ansetzen.

Die Grenze zwischen Arbeit und Freizeit verschwimmt immer mehr, selbst am Pool werden noch dienstliche Mails verschickt. Wie soll man da »reine Arbeitskosten« herauskristallisieren?

Das ist in der Tat eine Herausforderung, und ich sehe da spannende Zeiten auf die Finanzämter, aber auch auf die Gerichte zukommen. Das deutsche Steuerrecht hinkt der Lebensrealität hinterher. Einiges hat sich aber auch schon bewegt: Vor zehn, 15 Jahren wäre es beispielsweise unmöglich gewesen, ein Zimmer als Arbeitszimmer steuerlich geltend zu machen, wenn dort ein Gästebett drinsteht. Es war keinerlei private Nutzung erlaubt. Mittlerweile ist die Dauer entscheidend: Bis zu zehn Prozent private Nutzung ist okay.

Kann ich dann auch die Kosten für einen Van oder Wohnwagen angeben, wenn ich diesen zu 90 Prozent als Arbeitszimmer und zu zehn Prozent als Reisemobil nutze?

Ja, ein solches Modell ist denkbar, entscheidend ist wieder, dass es Ihnen gelingt, dem Finanzamt die berufliche Nutzung glaubhaft zu machen. Wenn Sie in Ihrer Wohnung keinen Platz zum Arbeiten haben und einen Wohnwagen oder Van zum Büro ausbauen, dann ist das ein außerhäusliches Arbeitszimmer. Angenommen, Sie arbeiten von montags bis freitags dort und kommen auf etwa 230 Arbeitstage pro Jahr, dann können Sie auch drei Wochen im Jahr damit in Urlaub fahren. Aber ihr Van oder Wohnwagen sollte als Büro nutzbar sein und nicht nur aus Bett und Küche bestehen.

Würde denn tatsächlich jemand kommen, um sich den Van anzusehen?

Das könnte durchaus mal passieren. Aber auch wenn niemand nachsieht, wollen Sie doch keine Steuern hinterziehen. Ein Tipp von mir: Fotos und Zeichnungen von der Ausstattung und Einrichtung helfen, die berufliche Nutzung zu belegen.

Und welche Kosten kann ich für den Büro-Van geltend machen?

Zunächst einmal die laufenden Kosten, also zum Beispiel für Strom, Wasser, Reinigung. Für Arbeitszimmer in der Wohnung oder im Haus können dafür höchstens 1250 Euro im Jahr geltend gemacht werden, aber bei außerhäuslichen Arbeitszimmern gibt es in diesem Punkt keine Abzugsbeschränkung der Höhe nach.

Und was ist mit dem Kaufpreis für den Van?

Die Anschaffungskosten können Sie über einen Zeitraum von acht Jahren absetzen. Das ist übrigens ein großer Vorteil gegenüber einer Immobilie, die Sie als außerhäusliches Büro kaufen. In diesem Fall gilt nämlich eine Abschreibungsdauer von 50 Jahren.

Gilt das auch, wenn ich mir ein Tiny House als Büro in den Garten stelle?

Unter einem Tiny House verstehe ich ein kleines Haus, das zum Wohnen genutzt wird. Ich weiß, dass es mittlerweile auch Tiny Offices gibt, also Mini-Büros, die man sich in den Garten stellen kann, aber da empfehle ich, auf die Wortwahl zu achten, damit keine Missverständnisse aufkommen. Wer ein Tiny Office als außerhäusliches Arbeitszimmer geltend machen will, darf dieses nur zu zehn Prozent privat nutzen. Und ja: Wenn das Tiny Office fest dort steht und nicht bewegt werden kann, dann können Sie 50 Jahre lang jedes Jahr zwei Prozent der Kaufsumme absetzen.

Aber in 50 Jahren ist mein Tiny Office längst morsch.

Das mag sein. Steuerrechtlich gilt es dennoch als Immobilie – es sei denn, es hat Räder. Dann gilt nämlich wieder die Abschreibungsdauer von acht Jahren.

Auch wenn es Räder hat, aber immer nur an einem Ort steht?

Ja, dann auch. Ob Sie das Tiny Office tatsächlich bewegen, ist nebensächlich.

Für die Vermischung von Arbeit und Urlaub gibt es mittlerweile ja sogar ein Wort: Workation. In manchen Firmen ist es schon Standard, dass alle Mitarbeitenden einmal im Jahr zusammen verreisen und dann zum Beispiel auf einer Finca auf Mallorca arbeiten. Andere hängen an den Urlaub noch eine Woche dran, in der sie vom Urlaubsort aus arbeiten. Gilt das dann als Dienstreise?

Die zwei Beispiele verdeutlichen schon das Problem: Workation ist kein geschützter Begriff, eine Definition ist schwierig. Generell gilt: Für eine Dienstreise muss es einen beruflichen Anlass geben. Und wenn es diesen gibt, dann zahlt der Arbeitgeber üblicherweise auch die komplette Reise. Wenn Sie Ihren Urlaub auf diese Art verlängern, ist das schön für Sie, da können Sie aber keine Kosten bei der Einkommensteuererklärung geltend machen.

Konzerne wie Otto oder Hugo Boss erlauben ihren Angestellten aber explizit, bis zu 30 Tage vom Ausland aus zu arbeiten.
Die Erlaubnis allein reicht noch nicht als Anlass. Wenn die Initiative für den Auslandsaufenthalt nur von Ihnen ausgeht, können Sie keine Steuervergünstigungen erwarten.

Aber wenn ich mich vor Ort in einem Coworking-Space einmiete, dann müsste ich doch zumindest diese Kosten als Werbungskosten geltend machen können, oder?
Ja, da gelten dann dieselben Regeln wie beim Coworking-Space in Deutschland. Für etwaige Rückfragen der Finanzbeamten würde ich aber empfehlen, sich vom Arbeitgeber bestätigen zu lassen, dass die Arbeit aus dem Ausland erlaubt ist.

Kann ich dann auch die Fahrtkosten von meiner Ferienwohnung zum Coworking-Space geltend machen?
Das müsste gehen. Im Zweifelsfall wird es auf die Einschätzung des jeweiligen Finanzbeamten ankommen, aber ich würde es zumindest probieren. Was Sie definitiv nicht geltend machen können, sind die Kosten für Unterkunft und Flug. Denn da ist keine Trennung zwischen Beruflichem und Privatem möglich.

Spielt es für das Finanzamt eine Rolle, ob ich mich in einem Coworking-Space auf Madeira oder auf den Malediven einmiete?
Beim Thema Werbungskosten ist es unerheblich, ob die Kosten innerhalb oder außerhalb der EU entstanden sind. Aber wichtig ist, dass Sie sich übers Jahr gesehen nicht länger als 183 Tage im Ausland aufhalten. Wenn Sie diese Grenze überschreiten, wird es kompliziert, denn dann fällt das Besteuerungsrecht dem Land zu, in dem Sie sich aufhalten, und in Deutschland sind Sie noch be-

schränkt steuerpflichtig. Deshalb führen viele Firmen jetzt auch die Obergrenze von 30 Auslandstagen für das mobile Arbeiten ein.

Das müssen Sie genauer erklären.
Die 183-Tage-Regel bezieht sich auf die Summe aller Tage, die Sie im Ausland verbringen. Je nach Steuerabkommen zwischen Deutschland und dem jeweiligen Staat, sind sogar die Aufenthaltstage maßgeblich. Also auch die Wochenenden. Stellen wir uns vor, Sie haben einen deutschen Arbeitgeber, der das mobile Arbeiten aus dem Ausland zulässt. Sie fahren ins Elsass, arbeiten von dort aus und verbringen jedes Wochenende in Frankreich. Das macht 104 Tage. Ihren Urlaub verbringen Sie auch dort, also noch mal 30 Tage. Rechnet man Feiertage dazu, kommt man schnell auf bis zu 150 Auslandstage, die mit der Arbeit nichts zu tun haben, aber trotzdem relevant sein können für die Steuer.

Mit der Obergrenze von 30 Auslandstagen pro Jahr sind die Arbeitgeber dann auch in solchen Extremfällen auf der sicheren Seite?
Ganz genau. Ich habe aber den Eindruck, da ist gerade viel in Bewegung. Jungen Fachkräften ist die Wahl der Arbeitsorte sehr wichtig, da müssen die Firmen nachziehen – und dadurch entsteht auch Druck auf die Gesetzgeber. Derzeit wird diskutiert, die Obergrenze für Auslandsaufenthalte innerhalb der EU auf 50 Tage zu erhöhen.

Bei längeren Aufenthalten im Ausland greifen Arbeitgeber immer häufiger auf Employer-of-Records-Arbeitnehmerüberlassungen zurück: Sie stellen die Betroffenen bei lokalen Firmen an, obwohl sie dieselbe Arbeit verrichten wie zuvor in Deutschland. Bewegt man sich mit diesen Überlassungsverträgen steuerlich in einem Graubereich oder kann man sie bedenkenlos eingehen?
Steuerlich ist so eine Abnehmerüberlassung eine klare und einfache Lösung: Es gelten dann alle Rechte und Pflichten des jeweiligen Landes. Nehmen wir an, eine deutsche Software-Entwicklerin möchte

nach Spanien auswandern, ihr deutscher Arbeitgeber will sie aber als Mitarbeiterin halten. Dann ist eine Arbeitnehmerüberlassung eine gute Option: Die Entwicklerin wird bei einer spanischen Firma angestellt, ist in Spanien kranken- und rentenversichert und zahlt dort ihre Steuern, kann aber weiter ihren Job machen. Eine andere Option wäre, dass sie als Freiberuflerin arbeitet. Dann muss sie sich aber selbst um die ganze Bürokratie, Steuern und soziale Absicherung kümmern.

Hat es denn sonst steuerliche Vorteile, wenn ich als Freelancer*in arbeite?

Wenn ich als Freelancer*in vom Ausland aus für eine deutsche Firma arbeite, gelten für mich nicht mehr die deutschen steuer- und sozialversicherungsrechtlichen Bedingungen. Dann gelten die Vorschriften des Gastlandes. Wie sich das finanziell auswirkt, kommt natürlich immer auf den Einzelfall an. Als Freelancer*in haben Sie auf jeden Fall mehr zu tun: Sie müssen sich selbst um Sozial- und Rentenversicherung kümmern und eine Einnahmen- und Überschussrechnung machen.

Wann kann ich eigentlich Kosten für eine doppelte Haushaltsführung steuerlich geltend machen?

Immer dann, wenn Sie eine zweite Wohnung anmieten müssen, weil Ihr Arbeitsplatz zu weit weg ist von Ihrem Wohnort und Sie zwingend vor Ort sein müssen für Ihre Arbeit.

Wenn ich also eine Finca auf Mallorca als Zweitwohnung geltend machen will, muss mein Arbeitgeber ein Büro auf der Insel haben?

Ganz genau, die Zweitwohnung muss in der Nähe des Arbeitsplatzes sein. Die Finca kann nur dann eine Zweitwohnung sein, wenn Sie tatsächlich in der Niederlassung auf Mallorca arbeiten. Und dann stellt sich auch die Frage, wo denn Ihr Lebensmittelpunkt ist. Wenn Sie die meiste Zeit des Jahres auf Mallorca verbringen, ist das nämlich Ihr Hauptwohnsitz.

Methoden: Silent Coworking

Hurra, in meinem Homeoffice sitzt ein fremder Mann mit Mütze

Nun also Mustafa. Mustafa ist ein IT-Fachmann, Mitte zwanzig, Bart, Mütze, Typus Hipster. Er arbeitet in Berlin, ich in Hamburg. Wir werden uns gleich eine Minute lang erzählen, woran wir arbeiten, dann schweigend eine knappe Stunde vor dem Rechner sitzen, per Videoschalte verbunden, und danach wahrscheinlich nie wieder etwas voneinander hören. Klingt komisch? Ist es auch. Aber es hilft mir, viel effektiver zu arbeiten.

»Silent Coworking« heißt die Methode, die schon vor der Pandemie Heimarbeiter und Studierende zu mehr Leistung trieb. Im Grunde gibt es sie seit Jahrhunderten: Student*innen sitzen schweigend in Bibliotheken, Internatsschüler*innen nachmittags im Silentium nebeneinander, und leisten Stillarbeit. Beim Silent Coworking ist aber das »Co« entscheidend – und die Digitalisierung. Man kann sich via Internet verabreden, dann schalten beide ihre Kameras ein, erzählen einander ganz kurz (in weniger als einer Minute!), was sie jeweils erledigen wollen, und dann bleibt man mal eine knappe Stunde einfach sitzen und arbeitet. Ohne Ablenkung, ohne Ausreden.

Die GSD-Methode: Get Shit Done!

Mustafa ist jetzt nur noch ein kleines Bild unten rechts auf meinem Monitor, aber das reicht schon, damit ich mich auf das konzentriere, was ich machen muss, und nicht zwischendurch aufstehe, telefoniere oder mich sonst wie ablenken lasse. Wenn die Zeit abgelaufen ist, fragen wir einander kurz: Und? Hat's geklappt? Und dann gratulieren wir einander zu unseren erreichten Zielen.

Die soziale Kontrolle durch Fremde funktioniert überraschend gut »to get shit done«, wie es unter uns Prokrastinierern heißt, wenn wir tatsächlich mal was auf die Kette kriegen. 2015 hatte der New Yorker Taylor Jacobson sein persönliches Erweckungserlebnis, als er mit einem Freund via Skype darüber sprach, wie sie ihre Aufschieberitis in den Griff bekommen könnten – und feststellten: Am besten, man lässt die Kamera einfach an und kontrolliert sich gegenseitig. »Es war magisch«, schrieb Jacobson in seinem Blog, »wir kamen beide sofort in die ›Zone‹ und blieben die ganze Zeit in einem produktiven Flow. Ich war begeistert.«

Jacobson entwickelte daraufhin die App »Focusmate«, die Arbeitswillige miteinander vernetzt. Man kann in einem offenen Kalender eine Session buchen, die jemand anderes eingetragen hat, oder selbst eine eintragen – und ist dann fest zum Arbeiten verabredet. Drei Sitzungen pro Woche sind gratis, wer mehr will, zahlt fünf US-Dollar im Monat.

Nach eigenen Angaben hat die App mittlerweile mehr als 100 000 User in 193 Ländern und hat während der Pandemie 1,7 Millionen Sitzungen verzeichnet – und das Geschäft verfünffacht, wie CEO Jacobson mir auf Anfrage mailt. Auch Mustafa ist schon satt dreistellig dabei als Nutzer – lange Gespräche, was er macht und wie er auf die App gekommen ist, verbietet die Focusmate-Etikette: Einzig erlaubter Dialog ist das kurze Vorstellen des eigenen Arbeitsziels – und nach knapp einer Stunde die Nachfrage, ob der andere denn erfolgreich war. Persönliche Annäherung ist verpönt, man lernt hier niemanden kennen.

Zack, loslegen, zack, Erfolgskontrolle

Natürlich geht gemeinsame Stillarbeit auch ohne App, dafür weniger anonym. Seit einigen Wochen treffe ich mich immer montags mit einer Kollegin, der ich von meinen Erfahrungen erzählt hatte, zum stillen Videochat. Wir haben die Regeln übernommen: Kein Kaffeeschnack, sondern kurz sagen, was man plant, zack, loslegen, zack, Erfolgskontrolle. Getränke holen wir uns vorher, das Telefon bleibt konsequent aus. Wir sind beide begeistert, was wir in dieser Zeit gewuppt bekommen. Danach noch fünf Minuten Plaudern zur Belohnung, das ist dann aber okay.

Ehrlich gesagt wusste ich vorher gar nicht genau, was ich in 50 Minuten eigentlich schaffen kann. Mein Beruf ist einer, bei dem man oft morgens noch nicht genau weiß, womit man sich den Tag über beschäftigen wird – das macht einen großen Teil seines Reizes aus, erschwert aber Planung und Struktur. Die Technik, den Arbeitstag in kleine Zeitabschnitte zu unterteilen, ist auch unter dem Namen »Pomodoro-Methode« bekannt. Für mich fühlt es sich aber eher künstlich an, mir selbst allein einen Wecker zu stellen – und mir fehlt die Sozialkontrolle. Eine gemeinsame Session ist ein bisschen wie eine Schulstunde: In dieser Zeit beschäftigt man sich mit dem gesetzten Thema, komme, was da wolle.

Planungsfehler schneller finden

Durch das Coworking bin ich außerdem gezwungen, in zwei oder drei Sätzen auszuformulieren, was ich eigentlich schaffen will. Klingt trivial, aber das ist es nicht – wenn man merkt, dass man die Aufgabe nicht gut formulieren kann, findet man eigene Planungsfehler sehr schnell.

Während ich das hier schreibe, reibt sich am anderen Ende der Welt ein bebrillter, verwuschelter Student seine müden Augen. Er muss irgendetwas reviewen, ich habe nicht genau verstanden, was, sein Englisch war so schlecht wie die Audioverbindung, aber wir haben beide auf die Pläne des anderen mit dem Focusmate-Standardsatz »Awesome. Good luck!« reagiert. Er trinkt literweise Kaffee und hat schon 343 Sitzungen absolviert, ich bin seine 344. Ich werde leider niemals erfahren, was aus ihm oder seinem Projekt geworden ist oder was vor dem Fenster zu sehen ist, durch das er manchmal nach draußen schaut. Das ist schon ein bisschen schade. Aber dafür habe ich diesen Text fertig geschrieben.

Und meinen Kolleg*innen so begeistert von meinen Erfahrungen berichtet, dass ich mittlerweile mehrere Sessions in der Woche via Teams-Videomeeting mit einer Kollegin mache. Das funktioniert so gut, dass wir einander manchmal spontan Hilferufe aus dem Motivationstief senden: »Ich brauche dich dringend!!« lesen wir dann von der anderen und wissen: Hier kann nur Silent Coworking helfen.

Methoden: Tipps gegen den Homeoffice-Koller

Sie brauchen: ein Foto, ein Post-it und eine Handpuppe

Ihnen fehlen die Kolleg*innen, wenn Sie nicht im Büro arbeiten? Hier kommen praxiserprobte Tipps, die sofort die Laune verbessern und helfen können, sich nicht mehr so isoliert zu fühlen.

Das Echte im Virtuellen

Für Unternehmen, die ein bisschen Geld in die Hand nehmen wollen, gibt es eine Menge schicke Tools: *Gather* etwa bildet in einer Art abgeschlossenem Second-Life-Kosmos die Firma ab – einschließlich der Bank draußen vorm Eingang, wo man sich mit dem Pausenbrot in die Sonne setzen kann. Wer sich mit jemandem unterhalten will, muss seinen Avatar in die Nähe des anderen Avatars bewegen, um in Hörweite zu kommen. Das fühlt sich überraschend echt an.

Viele Firmen machen gute Erfahrungen mit virtuellen Lostrommeln, die Kolleg*innen zu Kaffee- oder Mittagspausendates miteinander verabreden. Das geht online wie offline. Und hebt, da sind sich viele Büroarbeiter*innen in verschiedenen Firmen einig, die Stimmung beträchtlich. So lassen sich die kleinen Zufallsbegegnungen simulieren, die das Büroleben auflockern. Aber auch wenn die Firma keine zusätzlichen Tools bereitstellt, kann man den Arbeitstag fern der Zentrale erfreulicher gestalten.

Scrollen Sie runter. Noch weiter!

In Ihrem Chatprogramm haben Sie ja links eine Liste mit den jeweils letzten Kontakten. Die meisten Leute, die oben stehen, haben dort einen Dauerplatz, oder? Scrollen Sie mal ganz nach unten und laden Sie die Person, die dort steht, auf einen Tele-Kaffee ein. Denn: Die stillen Kolleg*innen machen einfach ihre Arbeit. Die lauteren sorgen schon dafür, dass sie genug Kontakte haben. Für manche ist es einfach ein etwas größerer Angang als für andere, den ersten Schritt zu machen – wenn es Ihnen leichter fällt, resultiert im Team daraus aus unserer Sicht schon fast so etwas wie eine moralische Verpflichtung: Kümmern Sie sich. Das ist nicht nur Chefsache.

Das liebe Foto

Diesen Tipp kann man gar nicht oft genug weitererzählen. Denn es ist ja so: Wir starren alle den lieben langen Tag in dieses Kameraauge, das unsere Lebensenergie aufsaugt. Ein kleines schwarzes Loch oben über dem Laptopbildschirm. Dafür sind wir Menschen nicht gemacht: Wen hat je ein schwarzer Punkt glücklich gemacht? Und wenn wir die Kamera ignorieren und stattdessen unsere Kolleg*innen auf dem Monitor ansehen, schauen wir immer knapp an ihnen vorbei. Besser ist es, den Blick zu heben – das gibt einen vorteilhaften Winkel für Ihr eigenes Bild und den Kolleg*innen das Gefühl größerer persönlicher Nähe. Versuchen Sie mal Folgendes: Bringen Sie direkt oberhalb der Kamera ein Bild an, das Sie wirklich mögen, das Ihre Stimmung hebt. Ein Foto von einem

Eichhörnchen. Ein Bild des Menschen, in den Sie verliebt sind. Ihr Lieblingsurlaubsbild. Und dann gucken Sie einfach darauf bei Videokonferenzen. Schwupp, sehen Sie freundlich und glücklich aus, und das sorgt für eine angenehme Atmosphäre. Und am anderen Ende sieht man nicht, dass Sie nicht genau in die Kamera gucken – das wirkt alles ganz natürlich.

Die Sache mit dem eigenen Bild

Es gibt zwei einander widersprechende Erkenntnisse aus der Videokonferenzforschung: Einmal, dass es uns motiviert, unser eigenes Bild auf dem Desktop zu sehen. Andererseits, dass es uns unglücklich macht und verunsichert. Wenn man sich eine normale Gesprächssituation vorstellt, würde es uns wahrscheinlich befremden, wenn unser Gegenüber immer wieder in einen kleinen Spiegel in seiner Hand guckte. Bei Videokonferenzen tun wir aber genau das. Die meisten Videokonferenztools bieten deshalb eine Hide-myself-Option an: Damit lässt sich der kleine Handspiegel unten rechts im Bild abschalten. (Bei *Teams* etwa geht das über einen Rechtsklick auf das eigene Bild und die Option »Für mich ausblenden«). Es gibt auch eine Low-Tech-Lösung: Kleben Sie beherzt ein Post-it über Ihr eigenes Bild. Wenn Sie sich danach irgendwie befreit und energiereicher fühlen, war es das Richtige. Wenn es für Sie keinen Unterschied macht oder Sie stört, nehmen Sie das Post-it halt wieder runter oder schalten die Selbstbildkamera wieder ein. Experimentieren Sie.

Kommen Sie mal wieder ein bisschen rum

Egal, was wir machen und mit wem, wir sitzen dabei immer vor demselben Bildschirm – und meist am selben Ort. Wenigstens Letzteres aber kann man ändern. Wenn Sie eine Kaffeepause mit einem*r Kolleg*in machen, stöpseln Sie den Laptop ab und nehmen Sie ihn mit in die Küche oder ins Wohnzimmer – und wenn Sie da schon sind, setzen Sie sich auf die andere Seite des Tisches. Diese kleine Simulation eines gemeinsamen Ortswechsels trägt dazu bei, dass Sie die Sphären auch inhaltlich trennen können und die Pausen-Situation eine andere ist als das Arbeits-Setup – das kann helfen, auch andere Themen anzusprechen und den Arbeitstag als strukturierter zu erleben.

Seien Sie ruhig ein bisschen albern

Auch wer sein digitales Leben gut im Griff hat, muss nicht auf ein bisschen Unterhaltung verzichten. Ich habe mir eine kleine Disco-kugel an den Schreibtisch gestellt, um in nicht ganz so formellen Runden meine Lieblingsideen mit ein wenig Glamour zu unter-legen. Man kann auch statt der digitalen Handhebefunktion mal Wertungstafeln in die Kamera halten, wenn das Team Spaß daran hat: Dafür braucht man nur Zettel mit den Zahlen von 1 bis 10. Das wirkt schon haptischer, als wenn alle die Ziffern in den Chat schreiben (und man hat auf den ersten Blick ein Stimmungsbild). Was sich auch bewährt hat: Eine Handpuppe griffbereit liegen zu haben – manchmal hat jemand in einer Videokonferenz ein Kind dabei, und es ist eine freundliche Geste, die keine Zeit kostet, wenn dann mal ein kleiner Dachs oder eine Eule zurückwinkt.

Unterwegs

Das Roadmovie ist ein eigenes Filmgenre: Das Unterwegssein ist eine Metapher für die Reise zu sich selbst, die im Film oft dramatisch endet. Im Leben können Roadmovies erfreulicher verlaufen: Wenn man das Unterwegssein nicht als Getriebensein, sondern als Lebensform begreift, die Horizonte öffnet, Blickwinkel verändert und zu neuen Begegnungen einlädt.

Das Leben und Arbeiten im Auto, im Van, im Wohnwagen ist ein krasser Gegenentwurf zum Trott im Büro. Es lehrt, wie im Falle der Augenärztin Gabriele Brumm, die Beschränkung auf das Wesentliche, es bringt neue Formen des Arbeitslebens mit sich, neue Arten von Kommunikation – und die stete Herausforderung, für sich selbst die besten Orte und Konstellationen zu finden. Der Manager Thomas Hirschbach-Taddey hat erlebt, dass Gespräche sich im Wohnwagen ganz anders und viel intensiver entwickeln als in gesichtslosen Konferenzräumen von Büroetagen – und bildet mit Kolleg*innen gelegentlich kreative Wagenburgen zum Zusammenarbeiten.

Unterwegs sein als Ziel, die Befreiung von Mauern und vertraglich fixierten Arbeitsorten ist eine im Wortsinn wegweisende Form des neuen multilokalen Arbeitens: Ein dritter Ort, der kein festgelegter Ort ist, sondern eine Vielzahl von Möglichkeiten. Das öffnet das Denken für neue Impulse. Konjunktive sind ja meist interessanter als Indikative und das, was sein könnte, kann wirkmächtig sein für das, was ist. Wer, wie die IT-Beraterin Katja Seidel, nahezu täglich neu entscheidet, wo der beste Ort zum Arbeiten ist, nimmt auch sonst wenig als unabänderbar gegeben hin. Heimat erlebt sie trotzdem: Ihren Van beschreibt sie als »Schneckenhaus«, der sie zuverlässig mit allem Nötigen versorge.

Das »Vanlife« ist schon seit Langem auf Instagram und in Reiseblogs Projektionsfläche diverser Sehnsüchte, es galt vielen als Lebensentwurf, der untrennbar mit größtmöglicher Freiheit verbunden ist – und nicht mit einem abgesicherten Angestelltendasein zu vereinbaren. Das ändert sich gerade. Für Arbeitgeber*innen ist das keine einfache Entwicklung, aber eine, die sie angesichts des Fach-kräftemangels werden mitgehen müssen. Manche tun das beherz-ter als andere – und stellen ihren Angestellten sogar eigene Vans zur Verfügung.

Trauen Sie sich mit uns auf die Straße – und erfahren Sie, wie man am besten im Unterwegssein ankommen kann und wie sich Probleme »on the go« lösen lassen.

Hightech-Wohnwagen

Im Business-Caravan zur Kundschaft

Es war im zweiten Jahr der Pandemie, als Cisco-Manager Thomas Hirschbach-Taddey, 47, es satthatte, auch engste Mitarbeiter*innen nur im Videocall zu sehen, so erzählt er es. Einen hatte er sogar noch nie persönlich getroffen. Kurz entschlossen machte er sich auf den Weg: Mit seinem Van, den er zu einem mobilen Büro inklusive Streamingstudio umgebaut hatte, aus dem eigenen Homeoffice in Dingolfing zu einem Mitarbeiter nach Karlsruhe.

»Der hat sich gefreut wie ein Schneekönig, als ich beim morgendlichen Teamcall plötzlich persönlich vor seiner Haustür vor ihm stand«, sagt Hirschbach-Taddey, »die anderen Kollegen im Call wollten auch gleich Hausbesuche.« Hirschbach-Taddey fuhr weiter, nach Frankfurt am Main, ins Bergische Land, nach Köln und Hamburg und schließlich nach Amsterdam.

Die dreiwöchige Tour sei ein Augenöffner gewesen, sagt er. »Das Thema Homeoffice war schon immer Bestandteil meiner täglichen Arbeit – ich arbeite seit Jahren nur noch für Firmen, bei denen das Status quo ist. Aber die Pandemie war ein kritisches Momentum für uns alle. Es war goldrichtig, die Leute mal persönlich abzuholen, seelisch in den Arm zu nehmen.«

Einsamkeit und Kontaktarmut, findet er, seien unterschätzte Probleme in der Arbeitswelt. »Viele Leute sind auch weitestgehend am Ende, die haben sechs, sieben virtuelle Meetings am Tag. Das ist einfach nicht gut für uns Menschen.«

Der Roadtrip zum Team brachte ihn darauf, die Idee weiterzuspinnen: Wie wäre es, wenn man auch Kund*innen die Anreise ersparen würde – und stattdessen gleich mit einer »Business-Lounge« vorfahren würde?

Hirschbach-Taddey sprach beim Wohnwagenbauer Fendt Caravan vor, einem bodenständigen Mittelständler aus dem bayerischen Mertingen. Vier Stunden habe das Gespräch gedauert, dann stand der Plan: Gemeinsam mit einigen Partnern wollten Cisco und Fendt ein »Experience Lab« bauen, einen Prototyp, der zeigen soll, was beim mobilen Arbeiten möglich ist.

»Die Caravaning-Industrie ist eine sehr traditionelle Branche. Wenn es um hippes Vanlife geht, war der Wohnwagen in der öffentlichen Wahrnehmung immer ein wenig hintendran. Aber beim mobilen Arbeiten hat er dem Wohnmobil gegenüber wesentliche Vorteile, weil er viel mehr Platz bietet – die ganze Antriebstechnik steckt ja im Zugfahrzeug«, sagt Fendt-Marketingleiter Thomas Kamm, der das Projekt betreut hat.

Nach drei Monaten Bauzeit war der Anhänger fertig: ein rund 16 Quadratmeter großes Hightech-Büro mit Konferenztechnik, Sitzgruppe, Küche samt Siebträgerkaffeemaschine, Dusche und Toilette, sechseinhalb Meter lang. Der 75-Zoll-Monitor, der gleichzeitig Videosystem und Whiteboard darstellt, misst knapp 1,70 Meter mal ein Meter und wiegt rund 80 Kilogramm. Ein Bett gibt es nicht. Aber: »Wenn man einen kleineren Monitor wählen würde, könnte man den unter ein Bett montieren, das man tagsüber in die Wand klappt«, sagt Kamm.

Der Komfort hat seinen Preis. Wer einen Büroanhänger will, muss damit rechnen, dass sich die Kosten zwischen dem mittleren fünfstelligen und dem unteren sechsstelligen Bereich bewegen; ein Großteil davon fällt für die Technik an.

Fendt baut im Jahr mit rund 850 Mitarbeitern etwa 10 000 Caravans, die hauptsächlich als Urlaubsfahrzeuge genutzt werden. »Geschäftskunden sind für uns ein neues Geschäftsfeld, das wir aber interessant finden«, sagt Kamm. »Stabiles Internet ist natürlich Voraussetzung, aber unsere Klientel wird zunehmend digital affin – die erwartet auch, dass man alle Features von der Kaffeemaschine über die Beleuchtung bis zur Klimaanlage mit dem Handy steuern kann.«

Taugt so ein Mobil also nur als rollendes Chefzimmer? »Wir sprechen auch mit Firmen, die Filialen haben – und die darüber nachdenken, das Netz auszudünnen. Für die ist es attraktiv, mit einem Businessfahrzeug die einzelnen Standorte anzufahren und dann jeweils nur halbtagsweise dort zu sein. Dann brauchen die Leute noch nicht mal ein Hotelzimmer, die können im Wohnwagen nächtigen und tagsüber dort Beratungsgespräche führen. Oder man nutzt so ein Fahrzeug als Incentive: Der Außendienstler des Jahres bekommt ein Jahr lang den Wohnwagen und darf arbeiten, von wo aus er will.«

Mit dem Prototyp ging Hirschbach-Taddey wieder auf die Straße, diesmal auf viermonatige Deutschland-Tour. »Das war der Zeitpunkt, an dem mich viele Kolleginnen und Kollegen für restlos verrückt erklärt haben, weil ich die Touren zu großen Teilen selbst gefahren bin. Mein Tross inklusive meines eigenen Vans und des neuen Wohnwagens hatte 15 Meter Gesamtlänge und war 6,5 Tonnen schwer – zwei Zimmer, Küche, Bad mal anders.« Seitdem, erzählt Hirschbach-Taddey, trage er firmenintern den Spitznamen »Circus Roncalli«.

»Sechzehn Liter Diesel frisst das Gespann mit dem wenig windschnittigen Van«, sagt Hirschbach-Taddey. Er findet aber: »Dieser Verbrauch relativiert sich, wenn man bedenkt, wie viele Reisen etwa von Kunden durch die rollende Lounge erspart werden.« In der Fahrschule eines Freundes ließ er sich eigens in die Besonderheiten des Gespannfahrens einweisen: »Das war sehr hilfreich.«

Er traf sich mit New-Work-Expert*innen, Kolleg*innen, Kund*innen. Hirschbach-Taddey hält viele Eisen im Feuer, sein Jobtitel beim IT-Riesen Cisco liest sich wie ein Personen-gewordenes New-Work-Versprechen: Senior Manager Collaboration Specialist, Enterprise & Globals.

»New Work hat nichts mit hippen Arbeitsplatzlösungen zu tun«, meint Hirschbach-Taddey. »Es geht um Menschen, neue Wege des Arbeitens, das Treffen der Generationen. Um Barrieren, Bürokratie und schlussendlich um Trends, die zu oft als Kultur von der Heeresleitung ausgerufen werden, dann aber nicht wirklich nachhaltig und ernsthaft in der Organisation umgesetzt werden. Und es geht um Orte, an denen wir gerne arbeiten, lieber arbeiten oder schlichtweg innovativer und kreativer arbeiten. Arbeit ist kein Ort, sondern im Idealfall eine Leidenschaft, die motivieren und nicht blockieren sollte.«

Und das Wo kann das Was und das Wie sehr beeinflussen. »Bei Immobilien gibt es ja drei Hauptkriterien: Lage, Lage, Lage. Warum das in der Arbeitswelt noch kaum eine Rolle spielt, verstehe ich nicht. Wenn jemand gerne am Meer arbeitet, ist er da hundertmal produktiver und bleibt dem Unternehmen treu, das ihm das ermöglicht.«

Vor der Pandemie setzten viele Firmen darauf, den eigenen Hauptsitz zum »Campus« auszubauen und mit Kollaborativräumen und prestigeträchtigen Firmenrestaurants zum Kreativ-Hotspot zu machen. Nur: Seit der Pandemie wollen viele gar nicht mehr oder allenfalls selten ins Büro.

Hirschbach-Taddey träumt von Wagendörfern, von kreativen Karawanen: »Wenn man neue junge Talente gewinnen will, kann der Business-Caravan ein interessantes Vehikel sein – man kann temporäre Offices dort hinstellen, wo man sie gerade braucht. Bei uns in der Firma bauen wir manchmal regelrechte Wagenburgen, da kommen alle mit ihren Reisemobilen, und dann wird gearbeitet.«

Hirschbach-Taddey besucht auch gerne Treffen von Vanlife-Communities: »Die Gespräche dort haben mir mehr und mehr verdeutlicht, wie viel Power in Minimalismus und der Arbeit an magischen Orten liegt.«

Hybrides Arbeiten, das ist für ihn »eine Chance, die Arbeitswelt zu reformieren«. Mittlerweile sieht sich der Manager »eher als Streetworker«. Er versuche vor Ort zu schauen, wie Technologie, Abläufe und Kultur passend gemacht werden können.

»Das Magische ist: Im Caravan entsteht Nähe, entsteht Vertrauen. Das ist etwas ganz anderes, als wenn man sich erst mal am Empfang melden muss, ehe man jemanden treffen kann«, sagt er.

Eine mögliche neue Mitarbeiterin traf er im Wohnwagen auf dem Parkplatz der Allianz Arena in München. »Ich bin zum Vorstellungsgespräch bei ihr vorgefahren. Das war eine wichtige Geste.«

Wie familientauglich ist das Leben als Vanlifer? Seine Frau, erzählt Hirschbach-Taddey, würde am liebsten auf einer Nordseeinsel leben. »Wenn die Kinder aus dem Haus sind, können wir unser Leben frei gestalten und beides miteinander verbinden. Ich bin 27-mal umgezogen. Ich bin seither ein bisschen heimatlos; wenn mich jemand fragt, wo ich wohne, sage ich ›auf der Erde‹.«

Sein nächster Plan: nicht nur zu Kund*innen zu fahren, sondern die Touren mit Terminen bei Schulen zu kombinieren, »um auch die jüngsten Menschen mit Ideen, Mut und Optimismus mit auf die Reise in die Zukunft zu nehmen«.

Er arbeite gerade an seiner Berufsbezeichnung, sagt Hirschbach-Taddey: »Zu oft stört das Ziel den Weg, und am Ende ist es doch der Weg, der das Ziel ist. Da sich jetzt schon so viele Menschen auf meine Couch gelegt haben und wir in sehr persönlichen Gesprächen über Theorie und gelebte Praxis gesprochen haben, sehe ich mich mehr und mehr als Therapeut für digitale Transformationsstörungen.«

Van

»Ich hatte noch nie einen so bequemen Arbeitsplatz«

Reinsetzen, Laptop aufklappen, fühlen. Ist die Rückenlehne zu steil? Hat der Tisch die richtige Höhe? So arbeitete sich Katja Seidel auf einer Campingmesse von Van zu Van vor. Es war 2017, Coronaviren und Lieferschwierigkeiten für Campingbusse waren noch unbekannt. Die IT-Beraterin hatte ein zehnmonatiges Sabbatical vor sich und wollte unterwegs an einem Buch arbeiten, einem Ratgeber für Hobbyfotograf*innen.

Astrofotografie ist ihre große Leidenschaft, ein Einsteigerbuch hatte sie schon geschrieben, nun sollte die zweite Auflage erscheinen. Sie ahnte nicht, wie vorausschauend ihr Sitztest damals war. Denn im ersten Lockdown wurde ihr Van zu ihrem täglichen Arbeitsplatz. Und ist es bis heute geblieben. Mehr als 1500 Tage und Nächte hat sie mittlerweile in ihrem Camper verbracht.

»Mit dem Ford Nugget war es Liebe auf den ersten Blick«, erzählt Seidel. Der Van ist groß genug, um innen aufrecht stehen zu können, hat ein 1,40 Meter breites Bett im Hochdach, diverse Schränke und eine kleine Küche. »Home is where you park it«, Zuhause ist da, wo du parkst, das sei zwar ein abgedroschener Spruch, sagt Seidel: »Aber er stimmt.«

Für sie sei der Van wie ein Schneckenhaus. Sie habe immer alles dabei, was sie brauche zum Glücklichsein. Und das sind in ihrem Fall für ihr mobiles Büro: Laptop, iPad, Kameraausrüstung, portable Monitore, Tastatur und Maus, Ringlicht, Mikrofon, Freisprechanlage, Router mit eigener SIM-Karte, die je nach Land ausgetauscht wird, eine Antenne für besseren Mobilnetzempfang und ein silbernes Heizungsrohr, durch das im Winter warme Luft auf ihre Füße strömt. In einem Science-Fiction-Film könnte ihr Arbeitsplatz auch als Kommandozentrale durchgehen.

Katja Seidel ist gelernte Informatikerin. Für eine Braunschweiger IT-Firma arbeitete sie erst als Software-Entwicklerin, dann als Projektmanagerin und Beraterin, später im Vertrieb und in der Teamleitung. Mehr als zehn Jahre fuhr sie fast jede Woche von der Zentrale in Braunschweig zu Kunden nach München und zurück. Nach dem Kauf des Vans nahm sie diesen für ihre Dienstreisen und verbrachte die freien Abende und Wochenenden in den Bergen.

»In Hotels sind mir die Betten eigentlich immer zu hart. In meinem Ford Nugget kann ich wunderbar schlafen, gesund kochen und Wartezeiten produktiv nutzen, weil ich ja einen vollwertigen Arbeitsplatz dabeihabe. Wenn ich gewusst hätte, wie genial das ist, hätte ich mir schon viel früher einen Van gekauft«, sagt Katja Seidel.

Sie wurde zur Teilzeit-Camper-Nomadin. Und dann kam Corona.

Alle Dienstreisen gestrichen, Campingplätze geschlossen. Stattdessen Homeoffice im Dreipersonenhaushalt ohne ruhigen Rückzugsort. Ihr Lebensgefährte hat ein erwachsenes Kind und arbeitet auch im Vertrieb, alle Kund*innentermine fanden plötzlich virtuell statt. Videochats und Telefonate von früh bis spät.

Um ungestört arbeiten zu können, wich Seidel in ihren Van aus. Bis zu zehn Stunden am Tag arbeitete sie dort, meist in der Hofeinfahrt – und war begeistert: »Ich hatte noch nie einen so bequemen Arbeitsplatz.«

Entscheidend seien die ergonomische Rückenlehne, der Tisch, den sie nahe an sich heranziehen könne, und externe Monitore in der richtigen Höhe, sagt sie: »Wenn man nur am Laptop arbeitet, schaut man permanent nach unten, das gibt auf Dauer Nackenschmerzen.«

Mit einer selbst gebauten Tischverlängerung hat Seidels Schreibtisch im Ford Nugget eine Länge von 95 Zentimetern und ist 40 Zentimeter breit. »Das klingt schmal, reicht mir aber völlig aus«, sagt sie. »Und es zwingt mich zum Aufräumen, was großartig ist, denn große Schreibtische sind bei mir schnell ›zugemüllt‹.«

Bis zu fünf Monitore hat sie schon darauf angeordnet, derzeit ist sie meist mit dreien unterwegs. Seit Jahresanfang ist sie selbstständig – und hat nahezu jeden Tag im Van verbracht. Ihren Job bei der Braunschweiger IT-Firma hat sie gekündigt, nach 18 Jahren. Sie will sich jetzt ganz der Astrofotografie und dem Schreiben widmen, die Nachfrage nach ihren Workshops ist groß. Und nebenbei recherchiert sie Paddeltouren für ein neues Buch.

Die Arbeit nach dem Wetter einteilen

Sie verdiene jetzt weniger Geld als früher, gibt sie zu. »Aber die wichtigere Frage ist doch: Was will ich mit meinem Leben anfangen und was macht mich wirklich glücklich?« Sie kann sich ihre Arbeit nun frei einteilen. Wenn die Sonne scheint, paddelt sie. Wenn es regnet, schreibt sie oder bereitet Seminare vor. Und nachts fotografiert sie Sterne, Kometen und Galaxien. Dass man dafür gar keine teure Spezialausrüstung braucht, nur klaren Himmel und ein möglichst dunkles Plätzchen, beweisen ihre Fotos.

»Vor fast jeder Haustür kann man erstaunliche Aufnahmen machen, ganz ohne Teleskop«, sagt Seidel. »Leuchtende Nachtwolken kennen zum Beispiel nur die wenigsten, dabei sehen die auf Bildern fantastisch aus.«

Der Van erleichtert ihr die Jagd nach guten Motiven. Neun Wochen war sie Anfang des Jahres im Norden Norwegens unterwegs, um Polarlichter zu fotografieren. »Hätte ich da immer Hotels buchen müssen, wäre das unbezahlbar geworden.«

Mehr als 5000 Euro hat sie in die Ausstattung ihres mobilen Büros gesteckt. Für die ersten Onlinemeetings im Van hatte sie virtuelle Hintergründe genutzt. Weil diese aber fehleranfällig sind, zum Beispiel Haare nur unsauber freistellen oder Objekte überlagern, die man in die Kamera halten will, nähte sie sich aus einem Stoff mit weißem Holzwandaufdruck einen Vorhang, den sie hinter sich aufhängen kann und der ihren Arbeitsplatz von der Kochnische trennt. Der Vorhang ist mit Magneten und Klettband an der Unterseite ihres Bettes befestigt, das sich im Hochdach des Vans befindet.

Im Videochat ist kaum erkennbar, ob Seidel vor einer echten, einer virtuellen oder einer fotografierten Holzwand sitzt – nur wer ganz genau hinsieht, erkennt die leichten Wellen im Stoff. Und dann lacht Seidel und zieht den Vorhang mit einer Handbewegung weg. Zum Vorschein kommen Vorratsdosen, Töpfe, Gewürze und ein kleines Metallschild mit der Aufschrift »Sterneküche«.

Gerade hat sie den Van in der Nähe der Lahn geparkt. Am Vortag ist sie auf einem Fluss in Frankreich 20 Kilometer weit gepaddelt mit einem Packraft, einem leichten Boot, das sich so klein zusammenfalten lässt, dass es in einen Rucksack passt. Aufgebaut ist es so stabil, dass sich ein Faltrad draufschnallen lässt. Mit diesem radelt sie dann zurück an den jeweiligen Ausgangsort, das Boot auf dem Gepäckträger verstaut.

Und so funktioniert die Stromversorgung

Seidels Van hat zwei getrennte Stromkreise. Ein 230-Volt-Netz, das aber nur verfügbar ist, wenn der Van an Landstrom angeschlossen ist, was viele Campingplätze anbieten. Und ein Zwölf-Volt-Netz, das über eine Batterie läuft, die autark während der Fahrt oder per Fotovoltaik aufgeladen werden kann.

Seidel betreibt alle dauerhaft laufenden Geräte wie Monitore und Laptop über das Zwölf-Volt-Netz. Aus einem Zigarettenanzünder hat sie zehn USB-Steckdosen gemacht. Kleinere Geräte, die 230 Volt benötigen, lädt oder betreibt sie über eine zusätzliche Powerstation.

Außerdem hat sie auf dem Dach ein festes Solarpanel anbringen lassen und unter dem Beifahrersitz einen sogenannten Ladebooster eingebaut, der dafür sorgt, dass sich die Wohnraumbatterie besonders schnell auflädt: »In Norwegen war ich im Winter wochenlang ohne Landstrom unterwegs, habe intensiv am Laptop gearbeitet und bei minus 30 Grad Celsius permanent geheizt. Eineinhalb bis zwei Stunden Fahrt pro Tag haben zum Aufladen gereicht«, sagt sie. Stehe sie mitten in der Wildnis, reiche der Strom der Batterien für maximal zwei Arbeitstage. Mit Solarenergie deutlich länger.

Anfang Juli war sie in Italien. Als auf der Marmolata eine Lawine aus Eis und Geröll elf Menschen unter sich begrub, saß Seidel nur knapp einen Kilometer entfernt auf einem Parkplatz in ihrem Ford Nugget und kümmerte sich um ihre Steuer. »Da ist mir wieder bewusst geworden: Das Leben kann sich so schnell ändern oder sogar vorbei sein. Man darf nicht warten mit irgendwelchen Sachen, die man sich vornimmt.«

Organisation

Tschüss, Chef, ich bin dann mal arbeiten

Wer neue Arbeitsmodelle leben will, muss oft Überzeugungs-
arbeit leisten – beim Vorgesetzten und bei den Kolleginnen und
Kollegen. Wie geht man die Sache am besten an? Tipps von
Karrierecoach Bernd Slaghuis.

**Viele Unternehmen tun sich immer noch schwer mit der neuen
Arbeitswelt. Die räumlichen Rahmenbedingungen sind oft
starr. Wenn ich anders arbeiten will, vielleicht mal ein paar Wochen aus dem Ausland oder mobil – wie bereite ich das Gespräch
mit Chefin oder Chef am besten vor?**
Bevor jemand in ein solches Gespräch geht, ist es entscheidend,
für sich selbst erst einmal gründlich zu überlegen: Was ist denn
für mich eine optimale Arbeitsumgebung? Was macht für mich
eine gute Arbeitsatmosphäre aus? Das ist für jede*n etwas anderes. Wie viele Menschen, wie viel Lautstärke kann ich vertragen?
Gibt es Situationen, in denen ich besser ganz allein arbeite und
wirklich Ruhe brauche? Ab wann werde ich unglücklich, weil mir
der Kontakt zu anderen Menschen fehlt, und wie und wo kann
ich diesen Kontakt am besten pflegen? Das ist sehr unterschiedlich
ausgeprägt. Aber die meisten Menschen, vor allem nach ein paar
Jahren im Beruf, wissen, was ihnen im Job wichtig ist und welche

Rahmenbedingungen sie benötigen, um gut arbeiten zu können. Ich frage meine Klient*innen, wie viel ihrer Arbeitszeit sie anteilig im Kontakt mit anderen Menschen und für sich allein verbringen wollen. Manche sagen dann zum Beispiel 80:20 – sie benötigen also sehr viel Austausch, etwa um kreativ zu arbeiten. Andere beziffern es mit 40:60 und brauchen mehr Zeit für sich allein. Wer weiß, in welchen Arbeitssituationen und an welchen Orten sie oder er ideal arbeiten kann, kann darüber auch zielführend mit der Teamleitung oder einem Recruiter sprechen.

Okay, ich finde das also für mich heraus – aber wie überzeuge ich dann die anderen? Ich möchte mich vielleicht für ein Projekt zwei Monate lang in ein Ferienhaus an die Algarve zurückziehen, um dort konzentriert zu arbeiten. Und beim Chef geht gleich das Kopfkino los: In seiner Vorstellung liege ich faul am Strand.

Der wichtigste Punkt sind gemeinsame Ziele: Ich muss etwas zu bieten haben, das auch meinem Arbeitgeber nützt und insbesondere ebenso auf die Ziele meiner Führungskraft einzahlt. Ich muss eine Argumentationskette parat haben, die aufzeigt, dass mein neues Arbeitskonzept für beide Seiten Vorteile hat – und welche genau das sind. Dann kann ich stringent argumentieren. Ich könnte sagen: Lieber Chef, jetzt steht diese sehr konzeptionelle Projektphase an. Ich weiß für mich, ich kann am effektivsten denken und Neues entwickeln, wenn ich irgendwo ungestört und nicht mittendrin bin. Wenn du mir diesen Rahmen gibst, dann kann ich unser Projekt am besten zum Erfolg führen.

Das überzeugt wahrscheinlich nicht jeden.
Man muss sich gut vorbereiten und schon überlegen, welche Bedenken denn genau kommen könnten. Oft sind die Reaktionen sehr simpel: Nee, das kommt gar nicht infrage, das haben wir ja noch nie gemacht, das ist in unserem Unternehmen nicht mög-

lich. Ein Totschlagargument. Da kann ich jedem nur raten, sich davon nicht totschlagen zu lassen! Warum nicht der oder die Erste in einem Unternehmen sein, der mal ein Workation-Modell ausprobiert? Natürlich ist es für die Chefin meist erst einmal nicht angenehm, zur Personalabteilung gehen zu müssen und mit einer Forderung für ein neues Arbeitsmodell anzukommen, die erst einmal Arbeit macht. Auch hier können Mitarbeiter*innen ihre Führungskräfte im Vorfeld unterstützen: Anbieten, etwas für die Personalabteilung aufzusetzen oder zu fragen, was er oder sie benötigt, um das Vorhaben im Unternehmen durchgesetzt zu bekommen.

Oft ist ja auch die Sorge da: Was denken die Kollegen? Kommt dann Unruhe oder Neid ins Team – und will bald vielleicht keiner mehr in die Firma kommen?
Natürlich ist das ein Thema, wenn das jemand als Erste*r macht. Eine typische Chef-Sorge ist dann, dass jetzt alle nach Portugal oder Spanien fahren. Meine Erfahrung ist aber: Das passiert in Organisationen eigentlich nie. Dafür sind die Menschen einfach zu verschieden gestrickt. Für viele ist Workation schlicht nicht attraktiv – die gehen lieber ins Büro und sind dann auch nicht neidisch, wenn andere anders arbeiten wollen. Wenn es solche Modelle im Unternehmen bisher nicht gab, kann man sich gemeinsam mit dem oder der Vorgesetzten eine Kommunikationsstrategie überlegen. Etwa so: »Wir haben einen Sonderfall hier – der Kollege hat eine spezielle Aufgabe vor sich, und dafür darf er jetzt einmalig ein Workation-Modell ausprobieren. Vielleicht ergeben sich daraus dann auch neue Möglichkeiten für uns als Organisation.«

Das wäre natürlich eine angenehme Reaktion.
Die wahrscheinlicher wird, wenn man im Vorfeld überlegt, wie man der eigenen Führungskraft Sicherheit vermitteln kann. Denn im Grunde heißt das Thema ja immer noch Kontrollverlust: Viele Führungskräfte haben Angst vor neuen Arbeitsmodellen, weil sie

nicht gelernt haben, mit räumlicher Distanz umzugehen. Da muss man selbst auch liefern und fragen: Lieber Chef, was brauchst du von mir in diesen drei Monaten? Was würde dir Sicherheit geben? Wie kann ich dir das Gefühl vermitteln, die Lage im Griff zu haben? Man könnte etwa vereinbaren, jeden Nachmittag zehn Minuten lang miteinander zu telefonieren, zu berichten, was man geschafft und welche neuen Erkenntnisse man gewonnen hat. Es ist wichtig, erst einmal zu signalisieren: Ja, ich verstehe das. Ich bin weit weg. Dir ist Sicherheit wichtig, und vielleicht ist dir auch Kontrolle wichtig. Wir finden gemeinsam Möglichkeiten, wie du sehen kannst, dass ich die Arbeitszeit nicht für etwas anderes verwende.

In der Vergangenheit gab es immer wieder Untersuchungen, die belegten, dass berufliches Fortkommen und Präsenz vor Ort im Unternehmen zusammenhängen. Ist der Traum von der selbst gewählten und selbstbestimmten Arbeitsumgebung einer, der auf Kosten der Karriere geht?
Dieser Grundsatz ist ja eine Regel aus der alten Arbeitswelt. Bisher mag das so gewesen sein – Karriere hat schließlich immer auch mit Sichtbarkeit zu tun, Sichtbarkeit als Person, aber auch meiner Leistungen. Und natürlich mit Vernetzung und den richtigen Verbindungen. Wer einfach abtaucht, muss sich nicht wundern, wenn er oder sie nicht gesehen oder in weitergehende Planungen einbezogen wird. Aber es gibt ja jede Menge Möglichkeiten, auch auf Distanz Erfolge sichtbar zu machen und den persönlichen Austausch lebendig zu halten. Ich kann den Kontakt zu Vorgesetzten und zu anderen Stellen im Management suchen. Das ist auch eine Holschuld. Und die Klarheit, die man selbst für sich gefunden hat, stärkt einen – auch im Blick der anderen. Wenn ich einer neuen Chefin gegenübersitze und klar sagen kann: Ich habe für mich herausgefunden, dass ich am besten drei Tage zu Hause oder von unterwegs arbeite und zwei Tage im Büro, weil

ich mich so stark fühle und gesund bleibe – dann ist das ja für die Führungskraft erst einmal ein positives Signal. Weil sie weiß: Der Mitarbeiter hat sich reflektiert, der weiß, was ihm wichtig ist, und ich habe das Gefühl, zu wissen, mit wem ich es zu tun habe – und dass da nicht jemand insgeheim unzufrieden ist oder eine eigene Agenda verfolgt.

Sollte man bei Teamevents wie Sommer- oder Weihnachtsfesten auf jeden Fall dabei sein?
Dafür gibt es keine feste Regel. Das sind schon wichtige Ereignisse. Wenn man da wegbleibt, ist das eine bewusste Entscheidung – die man so treffen kann, aber dann sollte man schon darüber nachdenken, wie man den Verlust an sozialem Kontakt mit Kolleginnen und Kollegen am besten kompensieren kann.

Reden wir über Neid. Wenn ich im tristen November von der Strandhütte aus arbeite – sollte ich für den Videocall mit Kunden und Kollegen lieber einen neutralen Hintergrund wählen, statt den Strand im Hintergrund zu präsentieren?
Ich bin da immer für Klarheit. Ich zeige in Videogesprächen stets den Hintergrund – weil er dazugehört, weil das Nähe vermittelt und nicht das unterschwellige Gefühl, etwas verheimlichen zu wollen. Warum sollte man das schöne Meer nicht zeigen? Was gäbe es zu verheimlichen? Die Kollegen wissen doch wahrscheinlich ohnehin, dass sich dieser Mitarbeiter aus dem Haus an der Algarve zuschaltet. Und wer dann den Hintergrund weichzeichnet, vermittelt doch eher die Botschaft, ein schlechtes Gewissen haben zu müssen. Aber wer seine Arbeit dort gut erledigt – im Übrigen auch fürs Team, der muss doch überhaupt kein schlechtes Gewissen haben. Vielleicht kommt so sogar ein Gespräch in Gang, wie sich die Arbeitsbedingungen für alle verbessern lassen und was jeder oder jede braucht.

Wenn ich in der Firma Pionierin eines neuen Arbeitsmodells bin – wie kann ich sicherstellen, dass ich weiterhin den Flurfunk mitbekomme und im Team nicht zur Außenseiterin werde?
In dieser Frage stecken zwei Aspekte. Einmal die soziale Interaktion, die Zugehörigkeit zu einer Gruppe. Wenn ich es geschickt anstelle, kann so ein Modell den Zusammenhalt sogar stärken – weil die anderen sehen: Cool, sie hat ihr Ding durchgezogen, und dann kann man darüber in ein konstruktives Gespräch kommen. Das zweite ist die kommunikative Ebene. Wenn ich nicht in der Firma bin, ist es meine Aufgabe, in Kontakt zu bleiben und mir zu überlegen, wie ich mich am besten mit den Kolleginnen und Kollegen austauschen kann. Ich muss aktiv auf die anderen zugehen und vielleicht auch feste Verabredungen und Termine anbieten – und offen dafür sein, was den anderen im Team dabei wichtig ist.

Wenn man selbst ein Arbeitsmodell hat, bei dem die Arbeitszeiten anders liegen, sei es durch eine andere Zeitzone oder weil man vielleicht eher eine Nachteule ist – ist es dann okay, darum zu bitten, Meetings zu verschieben? Muss ich mich um jeden Preis an das Team anpassen – oder muss das Team auch mir entgegenkommen?
Der Sweet Spot liegt eben genau dort, wo es für beide Seiten sweet ist. Erst einmal ist es völlig legitim, eigene Wünsche zu äußern. Aber das gilt natürlich für beide Seiten. Niemand sollte von den Kollegen erwarten, dass sie etwa bei Termineinladungen die Zeitverschiebung immer gleich von selbst mitdenken. Kommt es vor, dann gilt auch hier Klarheit schaffen: »Von hier aus müsste ich dafür nachts um zwei aufstehen, gibt es vielleicht eine andere Lösung?« Und wenn es die im Einzelfall nicht gibt, dann entschädigt womöglich in diesem Arbeits- und Lebenskonzept der nächste Sonnenaufgang auch mal ein Meeting um zwei Uhr nachts irgendwo auf der Welt.

Outdoor Coworking

Mit dem VW-Bus gegen den Fachkräftemangel

Sie hatte die Wahl zwischen zwei Jobs und hat sich für den mit dem niedrigeren Stundenlohn entschieden. Wenn Lisa Schuhmacher, 27, erklären soll, warum sie das für die richtige Entscheidung hält, erzählt sie von einem Zitat, das ihr vor ein paar Monaten in den sozialen Medien begegnet ist:»People. Design. Money. In that order.« Menschen, Design, Geld. In dieser Reihenfolge. Mit dieser Aufzählung hatte ein Webdesigner einer Londoner Kreativagentur ausdrücken wollen, was ihm bei der Arbeit wichtig ist. Und Schuhmacher war ins Grübeln gekommen.

Lisa Schuhmacher ist UX-Designerin. UX steht für User Experience, Nutzererlebnis. Menschen wie sie sorgen dafür, dass Webseiten so gestaltet sind, dass andere sie gern klicken. UX-Designer ist ein gefragter Job. Deshalb konnte Schuhmacher auch ein gutes Gehalt fordern, als sie zu einer großen, international bekannten Beratungsfirma wechselte. Davor hatte sie für Format D gearbeitet, eine kleine Münchner Digitalagentur.

Sie verdiente nun deutlich mehr. Und dennoch kamen ihr Zweifel.

»Klar ist es schön, mehr Geld zu verdienen. Aber sich nur darauf zu fokussieren, finde ich falsch. Denn Geld allein macht nicht glücklich, und immer mehr konsumieren, das will ich gar nicht.« Sie erzählt das am Telefon, in Amsterdam. Zwei Wochen hat sie noch frei, dann geht es für sie am neuen alten Arbeitsplatz weiter. In der kleinen Agentur, die ihr weniger zahlen wird als der Konzern. Sie hat ihre unbefristete Festanstellung noch in der sechsmonatigen Probezeit gekündigt.

Für Christian Schüller, ihren neuen alten Chef, muss sich Lisa Schuhmachers Entscheidung anfühlen wie der Sieg von David gegen Goliath. Fachkräftemangel ist das Schlagwort unserer Zeit. Im Kampf um Talente ködern die einen Berufsanfänger*innen mit Jahresgehältern von 175 000 Euro brutto im Jahr. Andere bieten unbegrenzte Urlaubstage. In Schuhmachers Fall war beides nicht entscheidend.

Umfragen zeigen, dass gerade jüngeren Menschen andere Faktoren wichtiger sind als die Bezahlung: Sie sehnen sich nach Jobs mit Sinn, nach Abwechslung, Feedback, Autonomie. Nach einem Beruf, der auch Berufung ist. Und der genug Zeit lässt, um das Leben auch fernab der Schreibtische zu genießen. Arbeitgeber verzweifeln reihenweise daran.

Christian Schüller und seine zwei Mitgründer zeigen, dass es möglich ist. Wie sich mit einfachen Mitteln Arbeit attraktiv gestalten lässt. Und warum es sinnvoll ist, Engagement nicht immer in investierter Zeit zu messen.

Mit den Kollegen verreisen – und das Zimmer teilen

Format D ist ein Studio für digitale Produkte aus München. Dort arbeiten Software-Entwickler*innen, Projektleiter*innen, UX-Designer*innen, insgesamt 26 Menschen, die zusammen etwa neue Internetauftritte für den Genossenschaftsverband Bayern oder das Kundenportal von dem Mehrwegsystem »RECUP« erstellen. Lisa Schuhmacher kam als Studentin zu Format D. In ihrer Masterarbeit ist sie der Frage nachgegangen, wie UX-Design positive Emotionen auslösen kann.

Nach ihrem Abschluss bekam sie einen Arbeitsvertrag angeboten und wurde gleich zur Workation eingeladen: Format D hatte für zwei Wochen ein Ferienhaus in Kroatien zum gemeinsamen Arbeiten gemietet.

So kam es, dass Schuhmacher gleich im ersten Monat ihrer Festanstellung bei Format D mit allen Kolleg*innen zusammen verreiste. Das Zimmer teilte sie sich mit einer Software-Entwicklerin, die sie kaum kannte. Für manche Menschen wäre das wohl eine Horrorvorstellung. Nicht so für Schuhmacher.

Drei VW-Busse als Firmenwagen

Auf ihrer Website hat Format D die Mitarbeiter*innen nach überraschenden Kategorien sortiert: Multikulti, Katzenfreund, Spitzenkoch. Schuhmacher ist in drei Kategorien zu finden: »Radler«, »iOS« – das Betriebssystem von Apple – und »Outdoorler«. In dieser Kategorie sind fast alle Angestellten vertreten. Das ist kein Zufall: Zwei der drei Agenturgründer sind Outdoor-Enthusiasten und überzeugte Camper. Als Firmenwagen haben sie drei VW-Busse angeschafft. Einer heißt Karl.

Karl war mal ein Personentransporter und kommt aus Karlsruhe, daher der Name. Das Team bekam ein Budget für den Ausbau zum Van, die meisten Arbeiten erledigten die Mitglieder selbst. Sie bauten eine Batterie ein, die autark während der Fahrt lädt und das Aufladen von Laptops erlaubt, ein großes Bett und eine Dachterrasse – und hängten Lichterketten auf.

Bei Format D darf jede*r Angestellte mit Karl verreisen, auch in der Arbeitszeit. Im Bus zu arbeiten, gilt als völlig normal. Lisa Schuhmacher und ihr Freund waren schon mit Karl im Urlaub, sie fuhren durch Österreich und Italien.

Die steuerliche Abrechnung der privaten Reisen ist eine Herausforderung. Denn die Fahrten müssen als »geldwerter Vorteil« versteuert werden. Aber wie berechnet man diesen zum Zeitpunkt der Fahrt? Gemeinsam mit einem Steuerberater kamen Schüller und seine Mitgründer auf folgende Lösung: Am Ende jedes Jahres addieren sie die Kosten für Karls Werkstattbesuche, für Versicherung und Kfz-Steuer und errechnen so einen Fahrpreis pro Kilometer, den alle Angestellten, die mit Karl privat unterwegs waren, versteuern müssen. Je nachdem, welche Reparaturen nötig waren, schwankt der Preis – und die Verreisenden könnten im schlimmsten Fall am Jahresende eine böse Überraschung erwarten. »Aber in all den Jahren haben wir es bisher geschafft, die Kosten gut zu verteilen«, sagt Schüller.

Einmal im Monat findet ein »Working Out of Office Day« statt – ein Ausflug ins Grüne, im Firmensprech »WoooDay« genannt. Gearbeitet wird dann auf einer Wiese oder am Flussufer in der Umgebung von München. An Klapptischen und -stühlen, aber auch auf Baumstümpfen, Picknickdecken oder zusammengekauert auf der Rückbank von Karl, wenn er denn gerade im Lande ist, oder einem der anderen beiden Vans. Auch auf einer Alpakafarm oder einem Weingut waren sie schon zu Gast.

> »Ergebnisse in Arbeitszeit zu messen, ist so schön einfach. Aber auch so schön falsch.«

»Und wie viel Arbeit bekommen sie an solchen Tagen geschafft?«

Christian Schüller bekommt diese Frage häufiger zu hören – und schüttelt darüber nur den Kopf. »Ergebnisse in Arbeitszeit zu messen, ist so schön einfach. Aber auch so schön falsch«, sagt er. »Ja, wahrscheinlich kommen wir an solchen Tagen im Schnitt ›nur‹ auf sechs Stunden reine Arbeitszeit pro Person. Aber diese sechs Stunden wiegen bestimmt so viel wie zwölf. Denn sie fördern nachhaltig unsere Zusammenarbeit.«

Im Videochat teilt er ein Fotoalbum und beginnt, durch Hunderte Bilder von Dutzenden »WoooDays« aus mehreren Jahren zu scrollen. Zu sehen sind lachende Menschen am Lagerfeuer, lachende Menschen mit Bier, mit Grillzange, dampfendem Becher und Laptop vor Traumkulisse. Kann ein Arbeitsleben so idyllisch sein?

Klar, sagt Schüller. Seine Mitgründer und er seien schon immer freiheitsliebend gewesen. Er selbst ist leidenschaftlicher Surfer und Radler.

Die Arbeit hat sich bei ihnen wohl schon immer ans Leben anpassen müssen, nicht umgekehrt. Auf Menschen wie Lisa Schuhmacher wirkt so eine Einstellung wie ein Magnet.

Sie hat schöne Erinnerungen an zahlreiche »WoooDays«. Vor allem im Frühling sei es herrlich, aus dem Arbeitsalltag herauszukommen in die Natur, sagt sie. Nach so einem »WoooDay« fühle sie sich noch tagelang inspiriert und energetisiert: »Da kommt richtig frische Luft in den Kopf.«

Aber wie bei den meisten Bildern, die in den sozialen Medien mit Hashtag #vanlife oder #bulliliebe versehen sind, bleiben auch bei den »WoooDays« die Schattenseiten verborgen: Da sind die Momente, in denen einer die Schiebetür öffnet und innen eine andere auf der Komposttoilette hockt. Die Tage, an denen es so eiskalt ist, dass die Scheiben beschlagen. Einmal hat die Gruppe sich mit dem Van im Schnee festgefahren.

»Je kälter es ist, desto weniger kommen mit«, sagt Schüller. »Es gibt auch Leute, die waren einmal dabei und dann nicht wieder.«

Die Teilnahme an den »WoooDays« ist freiwillig. Üblicherweise fahren sie um sieben Uhr morgens los, zurück kommen sie meist erst gegen 23 Uhr. Wer Kinder aus der Kita abzuholen hat, die demente Oma zu versorgen oder einen Einkauf zu erledigen, ist raus.

Dennoch: Das Konzept ist gefragt. Bei Format D haben sich schon so viele Interessierte gemeldet, dass das Studio nun einmal im Jahr ein Coworking-Event im Grünen organisiert, das auch für Freelancer*innen und Teams anderer Firmen offen ist.

Mehr als 60 Software-Entwickler, Projektleiterinnen, UX-Designer, aber auch Firmengründer, Ingenieure und Mitarbeiter*innen einer Kinderpalliativstation reisten im Juli 2022 mit Campingbussen und Zelten zu den von Format D organisierten »Outdoor Co-working Days« an. Sie gruppierten sich auf einer Weide im Kreis um eine Feuerstätte, auf Fotos sieht es aus wie eine Wagenburg.

Am Samstag saßen die meisten vor ihren Laptops, am Sonntag gab es Vorträge und Diskussionsrunden, ein Van diente als Bühne. Abends wurde gegrillt und Bier getrunken. Ein Bierhersteller sponserte das Event, auch für Kaffee, Porridge und Grillzubehör hatten sich Sponsoren gefunden.

Das Team von Format D hatte vorher getestet, ob es auf der Weide Handyempfang gibt. Sie gehört einem ihrer Kunden, einer Molkerei. Strom und Sanitäranlagen durften die Camper am Hof nutzen. Für WLAN-Notfälle schleppt Format D eine mit dem Mast eines Surfsegels selbst gebastelte Antenne mit. »Früher war das mobile Internet ein großes Thema, da haben wir den Mast und das Wi-Fi häufig gebraucht. Mittlerweile ist es einfacher, wenn jeder sein eigenes Handy als Hotspot nutzt«, sagt er.

Auch Lisa Schuhmacher war mit ihrem Zelt dabei, obwohl sie zu diesem Zeitpunkt gar nicht mehr für Format D arbeitete. Nach ihrer Kündigung habe es »keine hard feelings« gegeben, sagt sie, keinen Groll: »Ich fand das Event zum Netzwerken spannend, und außerdem habe ich mich gefreut, meine ehemaligen Kollegen wiederzusehen.«

Frollege – ein Mischwort aus Freund und Kollege – trifft es wohl am besten: Bei Format D war Schuhmacher umgeben von Frolleg*innen. Und diese sagten ihr nun, beim Campen auf dieser Weide: Komm zurück.

Die Kündigung bei Format D sei »eine Kopfentscheidung« gewesen, sagt Schuhmacher: »Ich hatte diese innere Unruhe, ich dachte, ich müsse mal etwas anderes ausprobieren.« Ihre Rückkehr beschreibt sie dagegen als Bauchentscheidung: »Es fühlt sich total richtig an.«

Als sie gegangen sei, habe sie auch Kritik geäußert, zum Beispiel an der Feedbackkultur, erzählt sie. »Meine Worte wurden offensichtlich ernst genommen, denn schon vor meiner Entscheidung, wieder zurückzukommen, habe ich gesehen: Die arbeiten daran. Und ich kann etwas bewegen.« Und deshalb will sie der Agentur eine neue Chance geben – auch wenn das für sie bedeutet, Abstriche beim Gehalt zu machen.

Bei dem Konzern arbeitete sie 80 Prozent, hatte jeden Freitag frei. Bei Format D ist es nur noch jeder zweite Freitag. Aber Schuhmacher kann sich ihre Arbeitszeit frei gestalten. »Wenn jemand mal einen längeren Urlaub braucht oder eine Zeit lang mehr oder weniger arbeiten will, finden alle immer eine Lösung«, sagt sie. »Coole Projekte kommen und gehen. Die Menschen sind das Entscheidende.«

Methoden

So gelingt das Coworking im Freien

Handyempfang vorher klären
Nicht auf gut Glück losziehen, sondern vorher testen, wie gut der Handyempfang vor Ort ist. Ein Internetzugang über WLAN-Hotspots bietet sich an, für die besten Ergebnisse richtet sich jede und jeder über das eigene Handy einen eigenen Hotspot ein. Am besten SIM-Karte von mehreren Anbietern dabeihaben, denn die Netzabdeckung unterscheidet sich je nach Anbieter zum Teil erheblich.

Toilettensituation bedenken
Beim Coworking mag nicht jeder einfach hinter dem nächsten Busch verschwinden. Wenn es keine öffentlichen Toiletten in der Nähe gibt, am besten eine nachhaltige Trenntoilette mitnehmen, die dann im Van benutzt werden kann. Für diesen Zweck kann es sich lohnen, ein »Besetzt«-Schild zu basteln.

Vorräte einpacken
Gerade an heißen Sommertagen ist es wichtig, reichlich Trinkwasser mitzunehmen. Und Essen für alle darf auch nicht fehlen.

Akkus aufladen
Auf keinen Fall vergessen, zu Hause schon die Akkus von Laptops und Handys voll aufzuladen. Unterwegs lässt sich Strom über Solarpanele erzeugen, am besten laden aber nicht alle gleichzeitig in der Mittagspause ihre Geräte auf, sondern wechseln sich über den Tag verteilt ab.

Arbeitsorte definieren

Eine Picknickdecke kann zum Beispiel als »Besprechungsort« dienen und wird dann so platziert, dass die anderen nicht gestört werden.

Keinen Müll liegen lassen

Wildcamper*innen haben ohnehin ein schlechtes Image, und eine Gruppe von Coworker*innen im Grünen erregt üblicherweise viel Aufmerksamkeit. Deshalb: Empathisch bleiben und geduldig auf Nachfragen von Wanderern, Spaziergänger*innen und Hundebesitzer*innen reagieren.

Organisation

»Arbeitsfreier Urlaub existiert doch nur noch auf dem Papier«

Markus Albers, Jahrgang 1969, arbeitet bei der Agenturgruppe C3 Creative Code and Content als Executive Director Thought Leadership. Er ist Mitgründer der Digitalagentur Rethink und Autor der Sachbuch-Bestseller *Morgen komm ich später rein, Meconomy* und *Digitale Erschöpfung*. Monatelang schuften und dann ein paar Wochen freimachen – dieses Konzept hält er für überholt.

Herr Albers, vor zwölf Jahren haben Sie im SPIEGEL das Ende des Bürozeitalters und den Boom des mobilen Arbeitens prophezeit. Nun behaupten Sie, dass das Konzept des Urlaubs überholt ist. Wie kommen Sie darauf?
Der klassische, arbeitsfreie Urlaub existiert doch schon jetzt nur noch auf dem Papier. Wir sind »always on«, immer erreichbar. Wer hat nicht schon mal zu Hause das Smartphone heimlich mit aufs Klo genommen, um Mails von Kollegen zu checken? Die Grenze zwischen Arbeit und Freizeit löst sich auf, und dieser Trend ist nicht mehr abzuwenden. Ich gehe davon aus, dass meine Töchter einen Jahresurlaub von 30 Tagen nicht mehr kennenlernen werden. Dafür werden sie aber auch die Freiheit haben, mal eben drei Monate aus Lissabon oder von den Kanaren zu arbeiten.

Und diese Entwicklung finden Sie gut?
Die Beobachtung ist das eine, die Bewertung das andere. Ich sehe die Gefahren, aber auch die Vorteile, die diese neue Arbeitswelt mit sich bringt. Es ist doch jetzt schon so, dass die meisten Menschen gar keinen Urlaub mehr haben. Sieben von zehn Erwerbstätigen sind in den Ferien ständig erreichbar.

Gehören Sie dazu?
Ja, aber ich finde das nicht schlimm. Ich checke am Pool lieber mal zehn Minuten lang meine E-Mails, als die ganze Zeit darüber zu grübeln, ob es in der Firma vielleicht doch brennt. Wer sich im Urlaub gar nicht kümmert, hat hinterher umso mehr zu tun. Statt das ganze Jahr sehr viel und dann zwei, drei Wochen gar nicht zu arbeiten, teile ich mir die Arbeit lieber flexibel ein. Das finde ich entspannter.

So können Sie sich das schönreden. Aber wir sehen es an der steigenden Zahl der Menschen, die wegen psychischer Erkrankungen arbeitsunfähig werden: Ständige Erreichbarkeit macht krank.
Natürlich brauchen wir Zeiten, in denen wir nicht erreichbar sind. Arbeit braucht Grenzen. Aber nicht ein- oder zweimal pro Jahr im Urlaub, sondern täglich. Ich sehe bei immer mehr Geschäftspartnern mittlerweile »how to work with me«-Hinweise. Da steht dann drin, wann sie erreichbar sind und wann nicht. Das finde ich eine gute Entwicklung.

Die Leute schicken Ihnen ein PDF-Dokument mit einer Anleitung, wie sie mit Ihnen arbeiten wollen?
Ja. Das kann ein PDF sein, eine E-Mail-Signatur, aber auch einfach ein Status bei »Teams«, in dem steht, dass man beispielsweise mittwochs zwischen 15 und 18 Uhr nicht erreichbar ist. Viele Menschen haben Angst, dass andere es für unprofessionell halten könnten, wenn man solche Zeiten der Nicht-Erreichbarkeit nach außen

126

kommuniziert. Aber das stimmt gar nicht. Wichtig ist nur, implizite Annahmen explizit zu machen.

Wie meinen Sie das?

Wenn Sie eine firmeninterne Umfrage starten zu der Frage »Wie lange darf es dauern, eine E-Mail zu beantworten?«, dann werden Sie sehr unterschiedliche Antworten bekommen. Die eine hält vielleicht 30 Minuten für angemessen, ein anderer findet nichts dabei, wenn eine E-Mail mal zwei Tage liegen bleibt. Das ist gar nicht schlimm, man muss es nur besprechen und sich auf eine Antwort einigen. Dann kann man viele Tätigkeiten wunderbar asynchron bewältigen. Und das ist der Schlüssel zu einem entspannteren Arbeitsleben.

Also weniger Meetings, mehr E-Mails?

Es müssen nicht unbedingt E-Mails sein. Entscheidend ist, dass jeder die Aufgabe dann bearbeiten kann, wenn es für sie oder ihn gerade passt. Noch immer ist es so, dass der erste Reflex bei vielen ist, ein Meeting anzusetzen oder anzurufen. Aber diese synchrone Kommunikation, bei der mehrere Menschen gezwungen werden, sich zur selben Zeit einer Sache zu widmen, ist in den meisten Fällen nur die zweitbeste Lösung.

Wieso das?

Weil unsere Arbeitstage nur noch aus Meetings, Videocalls und Telefonaten bestehen. Zur eigentlichen Arbeit kommen wir gar nicht mehr. Es gibt zwei Arten von Terminkalendern: der »Maker Schedule« und der »Manager Schedule«. Für Manager*innen ist es normal, dass ihr Tag vor allem aus Meetings besteht und in viele kleine Einheiten geteilt ist. Aber heutzutage sehen fast alle Terminkalender aus wie Flickenteppiche. Und das ist fatal. Konzentriertes Arbeiten ist nur möglich, wenn wir mehrere Stunden nicht abgelenkt werden, wenn es große Blöcke im Terminkalender gibt.

Und wie lassen sich solche Blöcke schaffen?
Wir haben bei uns in der Firma »Deep-Work-Phasen« eingeführt, in denen keine Meetings oder Videocalls stattfinden. Dienstags und donnerstags sind alle Mitarbeiten*innen für drei bis vier Stunden nicht erreichbar.

Und dann geht auch niemand ans Telefon, wenn Kund*innen anrufen?
Unsere Geschäftspartner wissen Bescheid und haben Verständnis dafür. Tatsächlich gab es bisher keinen einzigen negativen Kommentar, im Gegenteil: Die meisten fanden die Idee super und wollen das auch mal ausprobieren. Auch Konzerne werden flexibler werden müssen. Wir sehen das am Beispiel der »Workation«, einer Mischung aus Arbeit und Urlaub. Viele junge Menschen erwarten, dass sie von überall arbeiten können, auch mal ein paar Monate am Stück. Deutsche Konzerne tun sich schwer damit, aber immer mehr ziehen jetzt nach, um »work from anywhere« zu ermöglichen.

Ärzt*innen, Pfleger*innen, aber auch Paketbot*innen oder Verkäufer*innen haben diese Freiheiten nicht. Viele schuften im Schichtdienst, werden schlecht bezahlt und sollen am Ende noch für die Nachbarn die Blumen gießen, während die drei Monate aus Portugal arbeiten. Wird das unsere Gesellschaft zerreißen?
Die Kluft ist da, ganz klar. Aber tatsächlich wird die Gruppe der Wissensarbeiter*innen ja immer größer. Und flexible Arbeit im Homeoffice lässt sich in sehr viel mehr Berufen verwirklichen, als man denken würde. Selbst Laborant*innen oder Mechatroniker*innen müssen nicht zwingend für jeden Arbeitsschritt im Labor oder in der Fabrikhalle sein. Und einige Service- und viele Verwaltungsjobs, die niemals im Homeoffice oder vom Strand auf Mallorca aus erledigt werden können, fallen ganz weg: Wer im Supermarkt

einkauft, muss eben selbst seine Sachen einscannen, Bankfilialen werden überflüssig, weil Kund*innen ihre Überweisung online erledigen, Algorithmen ersetzen zunehmend Sachbearbeiter*innen. Übrig bleiben hypermobile Wissensarbeiter*innen – und das, was der Soziologe Richard Florida die »Service Class« nennt, etwa Essenslieferant*innen auf dem Rad.

Rollende Praxis

Die Augenärztin,
die im Kofferraum schläft

Augenärztin Gabriele Brumm hat Arztzulassungen für fünf Länder – und arbeitet derzeit in der Schweiz und in Hamburg, wo zwei ihrer drei Kinder studieren. Während der Pandemie hatte sie ihr Lebens- und Arbeitsmodell komplett umgestellt und pendelte im Auto zwischen der Schweiz, Spanien, Andorra, Österreich und Deutschland von Arbeitsplatz zu Arbeitsplatz. Wie sie das erlebt hat, schildert sie hier.

»Ich arbeite als Praxisvertretung in mehreren Ländern. Mein Arbeitsmodell war eigentlich als Überbrückung gedacht: Mit meiner jüngsten Tochter bin ich nach Spanien gezogen, um dort eine Praxisklinik mit aufzubauen. Das Projekt verzögerte sich. Meine Tochter konnte aufgrund des Abiturs die Schule nicht wechseln. So schien die Praxisvertretung eine ideale Zwischenlösung zu sein. Später suchte ich Einsatzangebote überall dort, wo meine Familie wohnt: Mein Sohn studiert in Wien, meine Töchter mittlerweile beide in Hamburg, meine Eltern leben in Münster.

Daraus wurde für mich ein Geschäftsmodell und eine Arbeitsform, die zwar anstrengend ist, aber unglaublich abwechslungsreich. Ich habe Arztzulassungen für fünf Länder: Deutschland, die Schweiz, Andorra, Spanien und Österreich. Am schwierigsten war die Anerkennung in Andorra: Dort wird eine sehr ausführliche Dokumentation der einzelnen Kurse inklusive Noten des kompletten Studiums verlangt – ein echter Papierkrieg. Am teuersten ist die Zulassung in der Schweiz. Dort braucht man nicht nur eine Arbeitserlaubnis vom Land, sondern zusätzlich von jedem Kanton, in dem man arbeiten möchte.

Auftraggeber meldeten sich schnell über Social Media und Vermittlungsagenturen für Ärzte. Meist arbeite ich eine oder zwei Wochen am Stück in Vollzeit. Manche Einsätze sind ein halbes Jahr im Voraus geplant, andere ergeben sich kurzfristig. Im vergangenen Jahr hatte ich zwar 45 freie Wochentage, aber nur zehn Wochenenden ohne Dienst oder Reise.

Neben Deutsch spreche ich Französisch, Englisch und Spanisch fließend, mein Italienisch reicht für die Arbeit. Ich bin im Grunde nie lange genug in einer Praxis, um in einen Routinetrott zu verfallen. Mein Gleichmut, meine Flexibilität und Problemlösungsfähigkeit haben sich extrem verbessert.

Die Bezahlung ist gut, aber es entstehen auch hohe Kosten: für Reisen und Ferienwohnungen, für Handyverträge, mehrfache Beiträge für Berufshaftpflichtversicherungen und Ärztekammern. Die Höhe der Einkünfte in jedem Land muss man stets im Verhältnis zu den Lebenshaltungskosten sehen. In der Schweiz verdiene ich mehr als in Spanien, aber die Pizza ist auch dreimal teurer. Den Weg von einem Arbeitsort zum nächsten mache ich gern zum Ziel, fahre von der Autobahn ab, einem interessanten Hinweisschild oder einer Intuition folgend. So entdecke ich Deutschland und Europa, tauche in das Alltagsleben der Menschen ein an den Orten, an denen ich arbeite. Arbeit, Familie, Freizeit lassen sich so wunderbar miteinander verbinden.

Als Augenärztin sieht man viele Patientinnen und Patienten ohnehin nur einmal im Jahr. Dennoch ist mir jeder Kontakt sehr wichtig: Mir ist bewusst, dass die Menschen in die Sprechstunde kommen mit etwas Sorge und auch Angst, es könnte etwas nicht in

Ordnung sein. Das möchte ich auffangen und ihnen das Gefühl geben, gut aufgehoben zu sein, sodass sie mit einem guten Gefühl wieder gehen. Den Patienten wird man einfach nicht gerecht, wenn man pro Fall nur fünf oder sechs Minuten hat. Das ist in der Schweiz oder in Spanien schon anders, viel sozialer und mit mehr Zuwendung.

Manche Diagnosen sind lebensverändernd. Auch dann möchte ich begleiten und dem Patienten zur Seite stehen. Ich habe jeden Tag viele fröhliche, lustige, aber auch ernste Begegnungen. Die kontinuierliche Fortbildung ist für mich nicht nur eine Pflicht, sondern auch spannend – seit Corona geht das nun problemlos online und eröffnet viel mehr Möglichkeiten weltweit.

Anfangs flog ich mit kleinem Gepäck und kehrte nach jedem Einsatz nach Spanien zurück. Mit der Pandemie reduzierte sich der Flugverkehr erheblich und oft kurzfristig, sodass ich auf die Straße umstieg. So kann ich unabhängig bleiben und pünktlich beim nächsten Job eintreffen. Die Wege zwischen meinen Arbeitsstätten sind weit, oft fahre ich am Wochenende 1000 Kilometer. Meinen Kleinwagen tauschte ich gegen einen gebrauchten SUV ein, der dank Allradantrieb auch bei Eis- und Schneeglätte den steilen Anstieg zur Hundetagesstätte schafft.

Wenn ich müde werde, liegt im Heckbereich eine gemütliche selbst aufblasende Matratze mit ein paar Kissen und Schlafsack bereit, von der man durchs Panoramadach den Sternenhimmel betrachten kann. Autobahnparkplätze sind an Lockdown-Wochenenden geisterhafte Orte voller Lkw mit verhängten Fahrerkabinen. Selbst tagsüber wurde an mein Fenster geklopft – das war schon unheimlich. Ich suche mir deshalb einen ruhigen Stellplatz irgendwo in einem Wohngebiet zwischen parkenden Autos, lasse das Licht aus und hoffe, unbemerkt zu bleiben.

Ich habe mittlerweile auch einen kleinen Hund: Djinn ist ein PomChi, eine Kreuzung zwischen Chihuahua und Spitz, und ein echter Eisbrecher – über ihn komme ich unterwegs mit vielen Leuten in Kontakt. Und er gibt mir Sicherheit: Auch wenn er klein ist, kann er mich doch aufmerksam machen, wenn etwas nicht stimmt, Hundegebell hilft. Es gibt übrigens kein Gesetz, das es verbietet, einen Hund mit in eine Arztpraxis zu nehmen. Djinn ist aber trotzdem lieber in einer Hundepension, wenn ich arbeite.

Ich habe in den vergangenen Jahren viel gelernt, fachlich, über das Leben und mich selbst. Ich habe Vertrauen gewonnen, darin, dass es immer irgendwie weitergeht und es einen Weg gibt, auch wenn es nicht der vorgesehene ist. Es hat sich eine Leichtigkeit entwickelt und die Bereitschaft, viel mehr im Jetzt zu verweilen, anstatt weit vorauszuplanen.

Ich könnte jederzeit wieder anders arbeiten, wenn es nicht mehr passt – und auch wieder im Auto schlafen. Zu konkrete Vorstellungen erschweren den Prozess, die Arbeitsform und den Arbeitsort zu finden, die in das eigene Leben passen. Offenheit und Flexibilität erweitern die Möglichkeiten und führen unverhofft zu positiven Lösungen.«

Arbeiten in der Bahn

Der Zug der Ideen

Ein Kreis, darunter eine zum Berg gezogene Linie und ein gezeichneter 135-Grad-Winkel – bei der DB Regio gibt es jetzt ein Piktogramm für Menschen, die am Laptop arbeiten. Zu finden ist es im sogenannten »Zug der Ideen«, einem Wagen, der in Hamburg auf der Linie S2 eingesetzt wird und mit dem die Bahn testen will, wie das Pendeln der Zukunft aussehen könnte.

Nun drängen sich ein Gedanke und ein schlechtes Wortspiel auf: Wenn selbst die Deutsche Bahn, die ja nicht gerade für agiles Management bekannt ist, die Bedeutung alternativer Arbeitsplätze erkannt hat, dann ist es ja wohl höchste Eisenbahn, auch auf diesen Zug aufzuspringen.

Beim Thema mobiles Arbeiten leiden derzeit viele Unternehmer*innen in ganz Deutschland unter einem Gefühl, das in den sozialen Medien als »Fomo« bekannt ist: fear of missing out. Die Sorge, etwas zu verpassen.

Aber in diesem Fall können wir beruhigen: Die Piktogramme in der S-Bahn führen lediglich zu einer Arbeitstheke, einem schmalen Tresen, der an das Bordbistro im ICE erinnert, mit drei gepolsterten Hockern und vier USB-Steckdosen. Das Spektakulärste ist das gratis WLAN.

Zwei Jahre Arbeit und rund eine Million Euro stecken in dem Wagen, heißt es von DB Regio. Von der Hockerstange bis zur USB-Steckdose musste jedes noch so kleine Detail vom Eisenbahnbundesamt abgesegnet werden.

Und noch ist es Glückssache, ob Passagier*innen den neu ausgestatteten Wagen erwischen. Mehr als ein Dutzend Züge sind in Hamburg als S2 im Einsatz, wann der »Ideenzug« fährt, kann selbst DB Regio nicht genau vorhersagen. Das hänge unter anderem von der Reihenfolge ab, mit der die Züge in die Abstellanlage fahren, heißt es, und diese variiere oft.

Die ersten Fahrgäste, die in den neuen Wagen einsteigen, stutzen kurz. Neu ist nicht nur der Tresen, es gibt auch zwei gepolsterte Nischen zum Anlehnen, Sitzbänke, die vom Design her an Loungemöbel erinnern, und große Monitore in der Decke und an der Wand, auf denen angezeigt wird, in welchem Wagen des Zuges man sich befindet und wo die Ausgänge im nächsten Bahnhof sind.

Am Tresen nehmen nacheinander eine Frau und ein Mann Platz, sie nutzen den Tisch als Rucksackablage. Es dauert nicht lange, dann entdeckt der erste Jugendliche die USB-Steckdose und stöpselt sein Handy an, kurz darauf wird schon das nächste geladen. Ob die Plätze eher zum »Candy Crush«-Spielen als zum Arbeiten genutzt werden? Das wird sich nun zeigen.

Mindestens ein Jahr lang will DB Regio beobachten, wie der neue Wagen genutzt wird. Rund tausend Pendler*innen haben sich freiwillig als Tester*innen gemeldet. Mittels QR-Codes sind zudem alle Fahrgäste aufgerufen, ihre Meinungen mitzuteilen. Sollte die Ausstattung gut ankommen, könnten in ganz Deutschland Arbeitsplätze in S-Bahnen eingebaut werden. Aber die Chancen stehen gut, dass die Bahn beim Thema mobiles Arbeiten dann doch wieder die Letzte ist.

Organisation

Welche Feiertage gelten eigentlich?

Eine Gemeinheit des Föderalismus sind Feiertage: Denn während beispielsweise Weihnachten oder Ostern bundesweite, gesetzliche Feiertage sind, dürfen an Tagen wie Allerheiligen (1. November) oder Heilige Drei Könige (6. Januar) nur Angestellte bestimmter Bundesländer die Füße hochlegen, der Rest muss arbeiten. Warum also in Zeiten von Mobile Office nicht der Arbeit entfliehen und das mobile Büro einfach dort aufschlagen, wo gerade Feiertag ist? Glaubt man Stimmen aus der Praxis, kommen immer mehr Arbeitnehmer*innen auf diese Idee. Die Frankfurter Juristin Eva Wißler über Schlupflöcher im Arbeitsvertrag – und die Argumente beider Seiten.

Frau Wißler, in Bayern oder Sachsen-Anhalt haben Angestellte am Dreikönigstag frei, in Hamburg nicht. Wenn ich als Hamburger*in mein Mobile Office zu Jahresbeginn jeweils schnell nach München oder Magdeburg verlegen würde, hätte ich dann frei?
Ja, hätten Sie. Zumindest dann, wenn der Arbeitgeber Ihnen vorher gestattet hat, dass Sie mobil arbeiten dürfen.

Wenn ich das maximal ausreize, würde das bis zu fünf freie Tage mehr für mich bedeuten, je nachdem, wohin ich an Tagen wie dem Dreikönigstag reise.

Nun ja, ganz so einfach ist es nicht, da hängen schon einige Fragen dran: Die Arbeitgeberseite argumentiert, dass auf die Mitarbeiter*innen die Pflicht zukommt, sicherzustellen, dass sie während des mobilen Arbeitens ihrem Job nachgehen können. Begebe ich mich aber etwa mutwillig an einen Ort ohne Internetzugang und bin nicht einsatzfähig, ist das schwierig.

Aber die Arbeitgeber*innen geben doch, wenn sie mobiles Arbeiten erlauben, gerade keinen festen Platz zum Arbeiten vor.
Das ist der Punkt. Da beißt sich die Katze in den Schwanz. Wer da im Zweifel am längeren Hebel sitzt, da will ich nicht mutmaßen. Das ist eine totale Grauzone, die Gerichte haben dazu noch nicht entschieden.

Das heißt, darüber, ob ich an Feiertagen arbeiten muss, entscheidet momentan nicht der Betriebssitz meines Arbeitgebers, sondern mein tatsächlicher Arbeitsort am jeweiligen Tag?
Das ist gerade der Grundsatz, genau. Der Arbeitgeber kann Ihnen natürlich trotzdem an den Karren fahren und sagen: Wenn Sie zum mobilen Arbeiten einen Ort wählen, an dem Feiertag ist, und nicht arbeiten, dann vergüten wir den Tag auch nicht. Ebenso kann er einen festen Arbeitsort bestimmen oder zumindest festlegen, an welchen Orten generell mobiles Arbeiten gestattet ist, das ist Teil seines Weisungsrechtes. Wenn sich die Festlegung aber auf die Wohnung der Beschäftigten fokussiert, dann ist es auch kein mobiles Arbeiten mehr, sondern Homeoffice. Das bedeutet auch, dass die arbeitsschutzrechtlichen Vorgaben für Tätigkeiten im Homeoffice zu beachten sind. Diese können recht aufwendig sein.

Aber der Arbeitgeber muss Feiertage doch ohnehin vergüten.
Muss er, ja. Der Arbeitgeber wird aber argumentieren, dass Feiertaghopping die Freiheit des mobilen Arbeitens missbraucht. Arbeiten Sie längerfristig vom Wohnort Ihrer Eltern aus und da ist

mal ein zusätzlicher Feiertag dabei, ist das sicherlich nicht rechts-missbräuchlich. Fahren Sie aber ganz bewusst in Bundesländer, um alle möglichen Feiertage mitzunehmen, sieht das schon anders aus.

Und wenn am Sitz des Unternehmens Feiertag ist, an meinem Arbeitsort aber nicht?
Dann müssen Sie arbeiten.

Es ist also nicht wichtig, dass mein Arbeitsort auch mein offizieller Wohnort ist?
Nein. Das wäre die Regel beim Homeoffice. Beim mobilen Arbeiten ist ja gerade das Entscheidende, nicht an einen Wohnort gebunden zu sein. Hier ist wesentlich, dass der Arbeitsplatz geeignet ist, um dem Job auch nachgehen zu können. Es geht vor allem um das Wie, nicht das Wo.

In meinem Arbeitsvertrag ist als Arbeitsort explizit Hamburg aufgeführt. Spielt das eine Rolle?
Das spielt dann keine Rolle mehr, wenn der Arbeitgeber mobiles Arbeiten freistellt. Damit weicht er den Arbeitsort auf. Es würde nur dann eine Rolle spielen, wenn Sie zum Beispiel im Hamburger Raum etwas recherchieren sollen. Dann müssten Sie vor Ort sein. Auch beim mobilen Arbeiten müssen die Interessen des Arbeitgebers gewahrt werden – das heißt, im Zweifel auch einsatzbereit vor Ort zu sein.

Würden Sie zu »Feiertagstourismus« raten?
Es kommt darauf an, wie mutig man ist. Ich würde klarmachen, dass ein Risiko besteht, dass der Arbeitgeber an diesem Tag das Gehalt kürzt und es auch der Beziehung zum Arbeitgeber nicht zuträglich sein dürfte.

Kommt das in der Praxis häufiger vor?
Ich selbst hatte zwei solcher Fälle. Die meisten Arbeitnehmer wissen nichts von diesem Graubereich – und arbeiten analog zu den Feiertagen am eigentlichen Dienstort. Das Ganze hat ja auch eine soziale Komponente, man nimmt Rücksicht auf Kolleginnen und Kollegen, die Chefin, den Kunden. Gerade Graubereiche nutzen häufig Menschen aus, die gedanklich ohnehin schon auf dem Absprung sind. Trotzdem: Wir sollten das gesetzlich oder in den Policies zum mobilen Arbeiten regeln, sonst kommt es langfristig zu Problemen.

Was muss im Arbeitsvertrag vereinbart sein, damit »Feiertagstourismus« überhaupt in Betracht kommt?
Mobiles Arbeiten muss vom Arbeitgeber ohne Einschränkung bewilligt sein, das ist das Wichtigste. Viele Unternehmen haben mittlerweile jedoch eigene Regelungen zum mobilen Arbeiten. Für die Arbeitgeber, die wir vertreten, haben wir eine Klausel in die Arbeitsverträge eingearbeitet: Die verbietet es, während regionaler oder lokaler Feiertage in Gebieten zu arbeiten, die nicht der offizielle Arbeitsort sind.

Hätte eine solche Klausel vor Gerichten Bestand?
Einen Präzedenzfall haben wir bislang nicht. Wir rechnen aber mit deren Gerichtsfestigkeit.

Inwiefern muss mein Arbeitgeber überhaupt darüber Bescheid wissen, von wo ich hierzulande gerade arbeite?
Gar nicht. Wo man mobil arbeitet, ist jeder und jedem selbst überlassen.

Macht es einen Unterschied, wenn mein Arbeitgeber mich offiziell zum Arbeiten in ein anderes Bundesland entsendet?
Dann gilt das Feiertagsrecht am Arbeitsort. Fällt dann ein Feiertag rein, ist er arbeitsfrei. Das gilt genauso für Entsendungen ins Ausland.

Ans Wasser

Am Ufer zu stehen, an der Grenze von Land und Wasser, und den Blick schweifen zu lassen, das ist eine Ursehnsucht des Menschen. An den meisten Orten wird unser Blick ja immer begrenzt, in der Regel von Mauern. Aber auch wenn wir draußen in der Natur unterwegs sind, haben wir selten unbegrenzt freie Sicht. Ein Baum, ein Hügel, ein Berg, irgendwas drängt sich immer ins Bild. Erst am Ufer erleben wir diese Weite. Und vielleicht ist das der Grund, warum wir uns dort freier fühlen und das Gewicht all der Pflichten, die unseren Alltag bestimmen, von uns abzufallen scheint.

Am Meer kommt noch das beruhigende, gleichmäßige Rauschen der Wellen hinzu, am See oder Fluss ein Plätschern. Und auch wenn wir gar nicht schwimmen wollen, so wissen wir doch, wie herrlich es sich anfühlen würde, jetzt einzutauchen ins kühle Nass. Im Wasser fühlen wir uns schwerelos, jede Bewegung fällt uns leicht. Dieses Gefühl schwappt bis ans Ufer. Erst schweift der Blick, dann schweifen die Gedanken. Plötzlich sehen wir Zusammenhänge, die uns vorher verborgen waren. Kommen auf Ideen, nach denen wir im Büro vergeblich suchten.

»An einem Tag auf der Ostsee schaffen wir viel mehr als in mehreren Tagen in irgendwelchen Konferenzräumen«, sagt Jens Buchloh, Chef der Kieler IT-Firma Ergovia. Für Strategiemeetings lädt er grundsätzlich auf sein Motorboot ein – und schippert dann mit allen Beteiligten aufs Meer hinaus. »Man könnte denken, dass es von der Arbeit ablenkt, wenn da plötzlich ein Schweinswal auftaucht oder Möwen nebenan kreischen, aber das Gegenteil ist der Fall: Auf dem Boot sind alle wahnsinnig produktiv und lernen nebenbei Seemannsknoten«, sagt er.

Unter Segler*innen wird das Boat Office sogar als Alternative zum Homeoffice gehandelt. Die Ultramarin-Marina, einer der größten Privathäfen am Bodensee, bietet jetzt schon Liegeplätze mit Glasfaser-Internetanschluss an.

Und selbst mitten auf dem Meer muss niemand mehr offline sein: Satelliten machen das Surfen im Internet auch zwischen echten Wellen möglich. Maren und Matthias Wagener haben es ausprobiert. Das Paar lebt und arbeitet seit acht Jahren auf einem Segelboot, ihre acht Mitarbeiterinnen sind in ganz Europa verstreut. Zum Zeitpunkt des Interviews waren die Wageners gerade in der Karibik unterwegs. »Die Zeitverschiebung war die größte Herausforderung für uns«, sagen sie.

Aber auch ganz ohne Boot lässt es sich nah am Wasser sein. Wer die Nähe zum Meer sucht, um nach nie gesehenen Zusammenhängen Ausschau zu halten, kann sich auch einfach in einem Haus in Strandnähe einmieten, so wie unser Kollege, SPIEGEL-Redakteur Florian Gontek. Er hat für uns das Konzept der Workation in Portugal getestet.

Stechen Sie also mit uns in See, reisen Sie von Hamburg übers Havelland bis an die portugiesische Atlantikküste und in die Karibik – und erfahren Sie, wie eine Workation mit dem eigenen Arbeitsvertrag zu vereinbaren ist.

Segelboot

»Vast Forward« – ein Leben
als digitale Bootsnomaden

Das Heimweh kommt an Tag fünf. »Keine Ahnung, ob das jetzt die richtige Entscheidung war, das wirklich zu machen«, sagt Maren Wagener, 44, in die Kamera und ihr Gesichtsausdruck schwankt zwischen Lachen und Weinen. »Ich vermisse unsere Eltern, und die Kinder. Und irgendwie tut's mir dann auch leid, was wir ihnen damit antun.«

Ihr Mann Matthias, 54, hat die Szene gefilmt, Ende Januar 2022, fünf Tage, nachdem sie mit ihrem Katamaran von Teneriffa aus aufgebrochen waren, um den Atlantik zu überqueren. Das Video von ihrer Reise haben sie auf YouTube hochgeladen, die wehmütigen Momente dauern dort nur wenige Sekunden, dann gibt es wieder Lachen, Sonne, Delfine zu sehen und Wellen, Wellen, Wellen, 15 Minuten lang.

Jetzt, ein Jahr später, sind sie noch immer in der Karibik. Das Interview führen sie per Videochat von Aruba aus.

Maren und Matthias Wagener leben seit 2015 auf einem Boot, die ersten Jahre auf einer Boréal 47, seit 2018 auf einer Outremer 51, einem knapp 16 Meter langen Katamaran. Mehr als 15 000 Seemeilen haben sie in den vergangenen acht Jahren zurückgelegt. Früher segelten sie auf der Hamburger Alster oder auf der Ostsee, mal ein Wochenende lang, dann drei Wochen, fünf, sechs. Die Touren wurden immer länger, die Kinder erwachsen. Und auf einmal stand da die Frage im Raum: Können wir nicht irgendwo segeln, wo die Sonne scheint? Das war der Start ihres Lebens an Bord.

Matthias Wagener gab seinen Job als Digitalberater auf und stieg in Marens Firma »Vast Forward« mit ein. Das Unternehmen bietet Projektmanagement- und Programmier-Dienstleistungen für Agenturen an. Werbeagenturen engagieren sie zum Beispiel, um kurzfristig Werbebanner, Newsletter oder Webauftritte für Kampagnen zu programmieren. »Wir sind oft eine Art Feuerwehr, die schnell Teams aus Projektleitern und freiberuflichen Entwicklern zusammenstellt, um diese Aufträge zu erledigen«, sagt Maren Wagener.

Sieben Jahre lang waren die Wageners in Europa unterwegs, segelten die spanische und portugiesische Atlantikküste entlang bis nach Gibraltar, dann nach Sardinien, durch die griechische Inselwelt, rund um die Balearen. Im Vergleich mit der Karibik war das unkompliziert: Maximal eine Stunde Zeitverschiebung, der nächste Direktflug in die Heimat nie weit entfernt. So ließ sich leicht der Kontakt zu den erwachsenen Kindern und den Eltern halten, aber auch zu ihren acht Mitarbeiterinnen.

Der SPIEGEL hat das Paar vor fünf Jahren schon einmal interviewt, damals ankerten sie gerade in Südfrankreich, es war ihr drittes Jahr als digitale Bootsnomaden. Und schon damals hatte Maren Wagener gesagt, »der Sprung über den Atlantik« sei »langfristig das nächste Ziel«.

18 Tage brauchten sie schließlich für die Überquerung, von Teneriffa nach Martinique. »Es war ein richtiger Urlaub«, sagt Matthias Wagener. Denn erstmals waren sie für so lange Zeit nicht täglich online – und nicht täglich erreichbar für alle Mitarbeiterinnen. »Statt Work-Life-Balance sprechen wir lieber von Work-Life-Blending: Bei uns gehen Leben und Arbeiten ineinander über«, sagt Maren Wagener.

Das Ehepaar beschäftigt acht fest angestellte Projektleiterinnen. Maren Wagener nennt sie gern »Ladies«; mit einigen arbeitet sie schon seit mehr als zehn Jahren zusammen. Manche gehörten schon davor zu ihrem Freundeskreis.

Dass sie nur Frauen beschäftigen, habe sich eher zufällig ergeben, sagt Maren Wagener. »Unser Arbeitsmodell scheint im Projektmanagement für Männer einfach weniger interessant zu sein: Bei uns kann man keine Karriere im klassischen Sinn machen und muss seinen Arbeitsalltag selbst strukturieren.«

Alle können dort arbeiten, wo sie möchten. Das war auch schon vor Corona so. Eine Mitarbeiterin pendelte zum Beispiel zwischen Barcelona, Paris und der Côte d'Azur, eine andere zwischen Bremen und Berlin. Jetzt lebt eine in Dänemark, eine andere in Leipzig.

Wie können Teams gut zusammenarbeiten, wenn sie nicht in einem Raum sitzen, sondern Hunderte Kilometer voneinander entfernt? Wie viele Meetings sind nötig? Wie schnell erwarten die anderen auf Chatnachrichten eine Reaktion? Und wie schafft man ein Gemeinschaftsgefühl trotz der Distanz? Auf all diese Fragen, die weltweit mit der Coronapandemie aufkamen, haben die Wageners schon vor Jahren Antworten gefunden: Kommunikation sei das Wichtigste, sagen sie.

Sie haben genau definiert, in welchen Fällen E-Mails verschickt werden und wann Telefonate oder Chats angebracht sind. Sie haben Videochats zu festgelegten Zeiten eingeführt, in denen es hauptsächlich um private Themen geht. »Es ist quasi der Plausch, der sonst im Büro an der Kaffeemaschine stattfinden würde«, sagt Maren Wagener. Und einmal die Woche rollt jede Mitarbeiterin dort, wo sie gerade ist, ihre Yogamatte aus. Die Lehrerin ist per Video zugeschaltet. Auch dieses Format hatte die Firma schon vor Corona eingeführt.

Für Plausch und Yoga waren der Montag- und Mittwochmorgen reserviert – aber um zehn Uhr deutscher Winterzeit ist es auf Martinique und Aruba erst fünf Uhr morgens. »Die Zeitverschiebung war für uns die größte Herausforderung«, sagt Matthias Wagener. »Wie man eine Firma aus der Distanz führt, das wissen wir mittlerweile. Aber wie man das aus verschiedenen Zeitzonen macht, das war für uns alle neu.«

Der Yogaunterricht findet jetzt ohne die beiden statt. Die gemeinsamen Meetings haben sie auf 14 Uhr deutscher Zeit verlegt, neun Uhr für das Karibik-Team. Zunächst seien einige »Ladies« skeptisch gewesen, sagt Maren Wagener. Aber als sie neulich für einige Wochen zurück in Deutschland waren, wollten alle die 14-Uhr-Meetings beibehalten. Für die Wageners ein weiterer Beweis dafür, dass neue Herausforderungen auch neue Chancen mit sich bringen.

Strom und Trinkwasser aus eigener Produktion

Für die Energieversorgung an Bord haben die Wageners eine Solaranlage auf dem Katamaran installiert und zwei mobile Solarpanele angeschafft, die sie nach Bedarf auf dem Bug ausbreiten. Drei Batterien mit einer Kapazität von je 180 Amperestunden speichern die so gewonnene Energie. Mit einem Inverter wandeln sie den Gleichstrom der Batterien in haushaltsüblichen Wechselstrom um, sodass sie an Bord die regulären Steckdosen nutzen können, auch wenn sie nicht an Landstrom angeschlossen sind. Während des Segelns kommt noch ein weiteres Gerät zur Stromerzeugung zum Einsatz: ein Hydrogenerator mit einem kleinen Propeller, der durch die Wasserbewegung angetrieben wird.

Mit dem auf diese Weise selbst erzeugten Strom decken sie ihren kompletten Verbrauch ab – inklusive Radar, Navigationslichtern, Kühlschrank, Waschmaschine und elektrischer Trinkwasseraufbereitung. »Mit dieser Installation haben wir es geschafft, im Mittelmeer von Ende Mai bis Mitte September autark zu sein«, sagt Matthias Wagener stolz. »Wir brauchten weder Landstrom noch Bordmotoren. Und wir haben seit 2018 keine Plastikwasserflaschen mehr gekauft, außer einer Notration für die Atlantiküberquerung.«

An Bord haben sie einen Wassermacher, der pro Stunde bis zu 100 Liter Meerwasser in Trinkwasser umwandeln kann. »Unser

Wassertank fasst 600 Liter, damit kommen wir mehr als eine Woche aus«, sagt Matthias Wagener.

Sparsam mit Wasser und Strom umzugehen, sei für sie oberstes Gebot:»Wenn wir mal nicht sparen, spüren wir an Bord direkt die Konsequenzen. Ist der Wassertank leer, gibt es kein Wasser mehr. Ist die Batterie leer, können wir die Rechner nicht laden und auch kein Wasser machen.« Dieser Zwang zur Nachhaltigkeit sei vielleicht der größte Unterschied zu ihrem Leben in Hamburg – und genau deshalb haben sie zusammen mit ihren Mitarbeiterinnen nun ein neues Projekt gestartet: Sie wollen die Firma so nachhaltig wie möglich aufstellen. Aber das ist gar nicht so einfach.

»Es gibt Dutzende Coaches, die kleine Unternehmen beim Klimaschutz unterstützen wollen, aber letztlich wollen doch nur alle Emissionszertifikate verkaufen«, sagt Matthias Wagener. »Und das ist nicht unser Ansatz, uns geht es ja darum, dass die Emissionen gar nicht erst anfallen. Wir wollten konkrete Tipps, wo wir sparen können. Aber da hieß es nur: Ihr arbeitet alle remote, habt keine Autos und benutzt kein Papier – ihr seid doch schon grün.«

Aktuell müssen rund 11 000 Unternehmen, die Geld durch Strom- und Wärmeerzeugung verdienen oder in der energieintensiven Industrie tätig sind, ihren Kohlendioxidausstoß über den EU-Emissionshandel kompensieren. Für kleine Unternehmen wie das der Wageners gibt es keine Vorgaben – und auch keine Standards oder Checklisten, mit denen man erkennen könnte, wo sich im Arbeitsalltag CO_2 einsparen ließe. Das wollen die beiden gemeinsam mit ihrem Team nun ändern.

Wie viel CO_2 verursacht eigentlich eine E-Mail? Wie viel Strom lässt sich sparen, wenn bei Videochats die Kameras ausgeschaltet werden? Wie könnte »grüne Softwareprogrammierung« aussehen? Mit solchen Fragen beschäftigen sie sich nun. Die Antworten wollen sie allen Interessierten kostenlos zur Verfügung stellen, »damit sich andere die teuren Beratungsunternehmen sparen können«.

Schon 2008 hatte Maren Wagener versucht, ihren Kund*innen zu erklären, dass es nicht nötig sei, für jedes Briefing und jede Abstimmung quer durchs Land zu reisen. Aber nachdem sie und ihr Mann aufs Segelboot gezogen waren, ließen sie für Firmenevents schon mal 23 Angestellte und freie Mitarbeiter*innen nach Sardinien einfliegen. So was käme für sie nun nicht mehr infrage. Sie selbst steigen aber durchaus noch ins Flugzeug. Personalgespräche wollen sie beispielsweise persönlich führen. Und einmal pro Jahr organisieren sie einen »Developer Day« in Deutschland, ein Treffen für Mitarbeiter*innen und Freiberufler*innen, bei denen sie sich gemeinsam Vorträge anhören oder andere Firmen besichtigen, zuletzt im September in Dresden zum Thema Nachhaltigkeit.

»Gemeinsam etwas zu lernen, ist für alle viel spannender als die üblichen Weihnachts- und Sommerfeste«, sagt Matthias Wagener. Diese Erkenntnis ist nur eine von vielen, die sie in den vergangenen sieben Jahren gesammelt haben.

Damals hatte Maren Wagener dem SPIEGEL berichtet, wie schwer es ihr zunächst gefallen war, ihren selbst gewählten Leitspruch einzulösen: Vertrauen statt Kontrolle. »Als Chefin will ich ja eigentlich über alles informiert sein und alles unter Kontrolle haben«, sagte sie damals. Sich besser zu fühlen, nur weil der oder die Angestellte im selben Raum vor dem Laptop sitzt? Der Gedanke erscheint ihr nun völlig absurd.

Das Büro in Hamburg hat »Vast Forward« auf einen Platz in einer Bürogemeinschaft reduziert. Wenn niemand aus dem Team vor Ort ist, was meistens der Fall ist, kann der Schreibtisch von anderen mitgenutzt werden. Ihre private Wohnung in Hamburg haben die Wageners schon längst aufgegeben.

»Ein paar Sachen haben wir eingelagert, aber die meisten Möbel und Dinge haben wir gespendet, verschenkt oder verkauft«, sagt Maren Wagener. »Wenn wir jetzt etwas Neues kaufen, muss etwas Altes gehen – das gilt für Schuhe, Kleider, alles. Anders geht es nicht, denn wir haben ja keinen Keller, in dem wir Sachen verstauen könnten.«

Jeden Tag zu zweit auf kleinstem Raum – kriegt man da keinen Lagerkoller?

Ihr Wohn- und Arbeitszimmer auf der »Vast« ist nur rund zwölf Quadratmeter groß. »Wir werden oft gefragt, ob wir uns denn nicht auf die Nerven gehen, zu zweit auf kleinstem Raum, 24 Stunden am Tag, sieben Tage die Woche – und ich kann nur sagen: Nein, wir sind ein Paar, das besser funktioniert, je mehr Zeit wir miteinander verbringen«, sagt Maren Wagener.

Beide kennen ihre Stärken und Schwächen, sie sagen, dass sie sich ergänzen. »Geholfen hat uns dabei sicherlich auch das Segeln«, sagt Matthias Wagener. »Ein so großes Schiff kann einer allein gar nicht manövrieren, und es gibt viele Situationen, da muss einer dem anderen sein Leben anvertrauen.«

Was sie anfangs nicht bedacht hatten, war das mitunter starke Schwanken an Bord. Auf Korsika lagen sie wegen eines Sturms mal fünf Tage in einer Bucht. »Das Schiff schwankte so stark, dass ich maximal eine halbe Stunde am Rechner sitzen konnte, dann musste ich an Deck, um Luft zu schnappen«, erzählt Maren Wagener.

Per Satellit ins Internet

Diese Erfahrung war für sie ausschlaggebend, 2018 von einem klassischen Segelboot auf einen Katamaran zu wechseln. Es sei ihre beste Entscheidung gewesen, sagen sie: Jetzt können sie an vielen Orten die teuren Liegegebühren sparen und stattdessen in malerischen Buchten den Anker auswerfen. Internet haben sie auch dort, mobilen Datenverträgen sei Dank. »Die Verbindung ist in der Regel sehr gut, und da einige Karibikinseln zu EU-Staaten gehören, greift vielerorts sogar unser deutscher Datentarif«, erklärt Matthias Wagener.

Sehr gute Erfahrungen haben sie auch mit »Starlink« gemacht, dem Satellitennetz von Elon Musk. Camper können sich das Hardwarepaket mit Satellitenantenne für rund 600 Euro kaufen, der Zugang ins Netz aus dem All kostet dann rund 125 Euro pro Monat. Musk hat zwar auch ein Angebot für maritime Nutzung – allerdings richtet es sich an die kommerzielle Schifffahrt und ist deutlich teurer: 10 000 US-Dollar für die Hardware und pro Monat weitere 5000 US-Dollar sollen Schiffsbesitzer zahlen – bei solchen Preisen sind die Wageners raus. Aber sie sind sich sicher: Da tut sich was.

Wieder in einer Wohnung in einer Stadt zu leben, das können sich die Wageners gar nicht mehr vorstellen. Ihr nächstes Ziel ist jetzt die kanadische Ostküste.

Im Hafen

Glasfaseranschluss am Bootssteg

Kugelförmiges Kirchturmdach, Weinberge, die bis an die Häuser reichen, dahinter schimmert der Bodensee, und in der Ferne leuchten die Bergspitzen der Alpen – Kressbronn, die östlichste Gemeinde Baden-Württembergs, ist ein Sehnsuchtsort. Wie im Bilderbuch sieht auch die Ultramarin-Marina aus, einer der größten Privathäfen am Bodensee: Die Marina liegt in einem Naturschutzgebiet.

1500 Segelboote finden dort Platz, rund 1000 sind sogenannte Dauerlieger – sie haben dort ihr festes Zuhause. Diese Beschreibung trifft auch auf manche Segler*innen zu. Sie verbringen immer mehr Zeit auf ihren Booten und arbeiten mitunter auch dort – »im Boot-Office«, wie Hafenbetreiber Clemens Meichle sagt. Er schätzt, dass rund jeder Zehnte ihrer Dauergäste das Segelboot auch als Büro nutzt und berichtet von einem Steuerberater, der tagsüber segelt und sich dann von 17 bis 20 Uhr an Bord an den Rechner setzt.

Dieser Steuerberater ist einer der ersten Kunden des neuen Angebots der Meichles: Sie bieten Liegeplätze mit Glasfaser-Internetanschluss an, mit einem Download-Tempo von 100 Megabit pro Sekunde und 30 Megabit im Upload. »Damit lässt sich das Internet auf dem Boot mindestens so gut wie zu Hause nutzen«, sagt Meichle stolz.

Einen mittleren sechsstelligen Betrag hat die Familie in die Umrüstung investiert, sagt Meichle. Das nötige Equipment hat der örtliche Internetbetreiber Tele Data gestellt – der nun hofft, auch die Nachbarhäfen und Campingplätze mit Glasfaseranschlüssen versorgen zu können. Die Nachfrage sei jedenfalls da, so Meichle: »Klar gibt es immer auch Leute, die skeptisch sind, aber wer es einmal ausprobiert hat, will nichts anderes mehr.«

Die acht Funkmasten, die sie rund um die Hafenanlage aufgestellt hatten, um das WLAN-Signal zu verstärken, hatten nicht gereicht. »Die Masten der Segelschiffe sind Störfaktoren. Wenn man einen Liegeplatz in der Mitte hat, kommt kaum etwas an. Und je mehr Leute im WLAN drin sind, desto langsamer wird es. Da konnte man am Versenden eines PDFs schon verzweifeln«, sagt Meichle. Und ans Streamen einer Fernsehsendung war gar nicht zu denken.

Schon 2018 begannen sie deshalb mit den Plänen für den Glasfaserausbau. Aber die Glasfaserkabel über die Stege zu verlegen, sei eine Herausforderung gewesen, sagt Meichle. Schließlich bewegen sich die Stege im Wasser, zudem knallt die Sonne darauf. Aber gemeinsam mit dem örtlichen Internetbetreiber Tele Data fanden sie eine Lösung: Das Internet kann nun genau wie der Landstrom angestöpselt werden.

Von einer Stele aus wird ein 20 Meter langes Glasfaserkabel über die Reling an Bord geworfen und dort mit einer Hardware-Box verbunden, die man sich im Hafen ausleihen kann. Die Box hat zwei LAN-Anschlüsse und einen HDMI-Anschluss und ermöglicht es, sich sein eigenes Boots-WLAN einzurichten. Wer will, kann sie für die ganze Segelsaison mieten.

Derzeit seien die monatlichen Kosten für das schnelle Internet an Bord vergleichbar mit denen eines privaten Glasfaseranschlusses, sagt Meichle – diese kosten rund 80 bis 100 Euro im Monat. In Zukunft soll aber auch nach Verbrauch abgerechnet werden können.

Coworking-Boot

Büro mit Badeplatz

Der spannenlange Tyrannosaurus Rex schaut aus dem Fenster. Ganz allein sitzt er da, in grimmiger Pose, über dem ruhigen Wasser, auf dem ab und an ein paar Enten vorbeizuckeln. »Den haben wir aus der Bille gefischt«, erzählt Manfred Winkler, »seitdem ist er unser Maskottchen.« Die Bille ist ein stiller Nebenfluss der Elbe, der malerisch mit etlichen Seitenarmen auch durch Hamburgs Süden fließt. Hier ankert die Lore, das Coworking-Schiff von Winkler und seinem Mann Martin Müller-Wolff, einem Innenarchitekten.

Das Hausboot ist ein 115 Quadratmeter großes Gemeinschaftsbüro mit Kaffeeküche, einem Meetingraum und einem schallgeschützten Kabuff, in dem man ungestört und vor allem unstörend telefonieren kann. So weit, so normal für einen Coworking-Space. Aber bei Hausbooten ist es wie bei Immobilien: Was zählt, ist die Lage. Hausbootplätze sind knapp in Hamburg, und neue Liegeplätze werden kaum genehmigt – das macht die Coworking-Plätze im Wasser zu einem raren Gut. Auch beim Bundesverband Coworking-Spaces Deutschland kennt man kein anderes Coworking-Hausboot, die Lore hat ein Alleinstellungsmerkmal in Deutschland.

Das Boot hat große Fensterflächen und eine Terrasse, von der aus man beim Morgenkaffee die Füße im Wasser baumeln lassen kann (wenn es warm genug ist). Es gibt einen Badeplatz mit Außendusche und ein kleines Ruderboot mit E-Motor und Segel, das alle nutzen dürfen, die sich hier eingemietet haben. Das Arbeitsleben am Wasser bringt Kontakt zur Natur mit sich – auf der Bille leben viele Wasservögel, die die Aussicht aus dem Bürofenster bereichern. Mücken, sagt Winkler, gebe es selbst im Sommer nicht übermäßig viele, weil die Bille ein fließendes Gewässer sei; Spinnen sind da schon eher ein Problem. Allerdings hat er auch dafür eine probate Lösung – darum sollen sich Rotkehlchen und Meisen kümmern. Anlocken will er sie mit Nistkästen. Eine Meisenfamilie hatte sich schon bei den Coworkern einquartiert.

Vierzehn Plätze hat die Lore, zwölf sind fest an die acht Mieter vergeben, zwei sind Reserve, falls eine*r der Mieter*innen mal Kund*innen oder Kolleg*innen mitbringt. Wer von der Brücke aus auf das Boot schaut, sieht nur eine dezente Beschriftung am Fenster: »Lore Coworking«. Keine Telefonnummer, keine Internetadresse. Das sei Kalkül, sagt Winkler: Wer weder motiviert noch in der Lage sei, mit diesen Informationen selbst Näheres herauszufinden, werde ohnehin nicht gut in die Gemeinschaft an Bord passen. Durch Umzüge und Firmenwachstum gibt es eine gemächliche Fluktuation – weniger als ein Jahr bleibt aber selten jemand.

Winkler hat das Boot gemeinsam mit seinem Mann 2019 von einem Architektenpaar übernommen. Dieses hatte es drei Jahre zuvor gemeinsam gebaut, sich dann aber getrennt. Man kannte einander als Nachbarn – auf dem Eilbekkanal, zehn Fahrradminuten entfernt, wo die Hausboote der Erbauer und der Betreiber der Lore liegen. Die Wohnboote wurden vor einigen Jahren im Rahmen eines Architekturwettbewerbs gebaut. Auch neben der Lore liegen noch drei Boote, die als Wohnungen genutzt werden.

Das Leben auf dem Wasser möchte Winkler nicht mehr missen: Einerseits urban, andererseits in den Rhythmus des fließenden Gewässers eingebunden. Jeden Sommer nimmt er sich außerdem noch ein paar Wochen frei, um als Rettungsschwimmer auf Sylt zu arbeiten.

Der 57-Jährige ist im Hauptberuf Polizist, hat sich aber bezugsfrei außer Dienst stellen lassen, um die Lore betreuen zu können. Das kommt seinen handwerklichen Neigungen entgegen. Winkler ist stolz auf die Technik des Bootes, die er weitgehend selbst ertüftelt hat: Geheizt wird mit einer ökostrombetriebenen Wärme-pumpe, die eine Fußbodenheizung speist. Die Lore ist als Niedrig-energiehaus konzipiert und rundum schallgeschützt. Vom Lärm der Großstadt bekommt man hier nichts mit. Das ist wichtig, denn Akustik ist eine der Sollbruchstellen beim Coworking: Auch wer sich gern mit anderen ein Büro teilt, will nicht dauerbeschallt werden. Von den gelegentlichen Turbulenzen der Bille auch nicht: Der Tüftler Winkler hat spezielle Federn entwickelt, die das Boot auch dann am Schwanken hindern sollen, wenn draußen mal ein größeres Fahrzeug Wellen schlägt.

In den Polizeidienst will Winkler nicht mehr zurück, obwohl er den Kontakt zu seinen Kollegen schätzt und vieles an seinem ur-sprünglichen Beruf mag, wie er sagt. Als Mitglied in der sogenann-ten Verhandlungsgruppe habe er mehr als 60 oft belastende Ein-sätze erlebt, in denen es darum ging, Geiselnahmen oder andere bedrohliche Situationen in den Griff zu bekommen. »Ich habe die ja nicht heilen können, sondern nur die Lage entschärft«, sagt er. Einen Ausgleich fand er in der Präventionsarbeit: von Radfahrprü-fungen für Kinder bis zur Enkeltrick-Aufklärung für Senioren. Mit der Übernahme der Lore hat er aber ein ganz neues Kapitel aufge-schlagen. Und endlich Luft dafür, seine anderen Leidenschaften zu verfolgen: Winkler interessiert sich für Finanzthemen, investiert in Aktien – und hat die Kunst für sich entdeckt: Jede Woche, erzählt er, male er jetzt ein Ölbild und bekomme »viel Lob« dafür.

»Am Wasser ist man ganz anders konzentriert«, sagt Elisabeth Pichler, die gemeinsam mit Verena Kalser ihr Studio für Kommu-nikationsdesign seit drei Jahren von der Lore aus betreibt. Ihnen gegenüber sitzt James Sutherland, der in einem Start-up für auto-nome Supermärkte mitarbeitet und zuletzt auf Mallorca gelebt hatte. Im Hamburger Homeoffice war es ihm rasch zu eng gewor-den. Außerdem an Bord: eine Solarfirma aus Baden-Württemberg, Jachtdesigner, ein Fotograf. Von den acht Mietern sind nicht alle täglich auf der Lore, aber alle schätzen das Boot auch als Freizeitort, bleiben oft noch nach Feierabend da auf einen Sundowner, im Sommer eine Schwimmrunde oder eine kleine Tour mit dem Beiboot. Alle ein bis zwei Monate chillt man zusammen bei einem kleinen Fest. »Es ist Büro, aber es ist auch Familie«, fasst Winkler zusammen.

Rund 300 Euro pro Monat nehmen sie pro Schreibtisch von ihren Mietern, WLAN und Reinigung inklusive. »Ich hätte nicht gedacht, dass es so viele Synergien zwischen den Mietern gibt«, sagt er, aber die Gemeinschaft wachse zusammen: Die Kommunikationsdesignerinnen fertigen Entwürfe für die anderen Firmen an Bord, der Fotograf setzt deren Produkte in Szene.

Tagesmieter*innen wollen Winkler und Müller-Wolff nicht haben, sie passen nicht ins Konzept. Die Lore ist darauf angelegt, dass alle länger zusammenbleiben und einander vertrauen können. Winkler hat da schon Lehrgeld bezahlt: Ein Mieter nutzte aus, dass die Benutzung des Farbdruckers in der Miete inklusive ist – und druckte für sein Start-up 9000 Verpackungen aus, erzählt Winkler. Man trennte sich schnell.

Wie bei jedem Coworking-Space kann das Coworken eben nur klappen, wenn auch bildlich gesehen alle in einem Boot sitzen. Andere nah am Wasser gebaute Konzepte scheiterten: Das Ausflugsschiff »MS Seute Deern« in Hamburg war 2017 als »erstes Coworking Ship Deutschlands« mit großem Tamtam und spektakulärem Liegeplatz mit Elbphilharmonie-Blick an den Start gebracht worden – und musste zwei Jahre später wieder verkauft werden, weil das Konzept sich nicht gerechnet hatte.

Binnenschiff

»Ich habe immer gesagt: Wenn ich groß bin, wohne ich auf einem Boot«

Die Hunde bellen, Ole Bemmann, 56, bleibt entspannt. Hier, südwestlich von Potsdam, bringt ihn so schnell nichts aus der Ruhe. Während er an Land den Schatten genießt, arbeitet seine Frau Andrea, 44, dort, wo beide seit sieben Jahren leben: auf einer britischen Barge, einem 15 Meter langen Schiff aus einer kleinen Werft in Huddersfield, angetrieben von einem Sechszylinder-Dieselmotor. Die Entscheidung, ihr Leben auf einem Schiff zu verbringen, sei eine ganz bewusste gewesen, sagt Andrea Bemmann.

»Ich lebe und arbeite seit sechs Jahren auf einem Schiff. Das ist ein Lebenstraum, den mein Mann und ich uns gemeinsam erfüllt haben. Schon bevor wir einander kennengelernt haben, hatten wir beide von einem Leben auf dem Wasser geträumt.

Ich bin hier im Havelland groß geworden. Meine Großeltern hatten einen Bauernhof am Wasser. Am Ufer lagen Hausboote, in denen in den Sommerferien Gäste untergebracht waren. Ich habe immer gesagt: Wenn ich groß bin, wohne ich auf einem Boot. Schon ein Jahr nach unserem Kennenlernen lief uns dieses Schiff über den Weg: Eine britische Barge, das ist ein spezieller Schiffstyp, der für die englischen Kanäle gebaut wurde. Wegen der vielen Schleusen haben diese Schiffe spezielle Maße: 15 Meter lang und fünf Meter breit. Gekauft haben wir sie von einem Ehepaar, das das Schiff aus Altersgründen abgegeben hat – die waren beide schon über 80 Jahre alt.«

Zwei Schlafzimmer, zwei Bäder – ein Motorraum

»Zu dem Zeitpunkt hatten wir noch zwei getrennte Wohnungen. Mein Mann hat seine mittlerweile einer ukrainischen Familie zur Verfügung gestellt, meine ist vermietet.

Auf dem Schiff haben wir ungefähr 65 Quadratmeter zum Wohnen und Arbeiten, unterteilt in Wohnzimmer mit Küche, zwei Schlafzimmer und zwei Bäder – und natürlich ein bisschen Technik, einen Motorraum, eine Werkstatt. Das reicht uns völlig aus – auch nachdem wir vor zwei Jahren Familienzuwachs bekommen haben. Für das Leben an Bord muss man sich als Paar oder Familie aber schon sehr einig sein.

Wenn es mal nicht so rundläuft, was ja überall vorkommt, dann muss einem bewusst sein: Es gibt nicht viel Platz zum Ausweichen. Ein Kleinkind auf dem Schiff großzuziehen, ist allerdings kein Problem. Wir haben ringsherum Netze gespannt, wie man sie von Segelbooten kennt, sodass unser Sohn nicht ins Wasser fallen kann. Bevor er vom Schiff heruntergeht oder sich außerhalb bewegt, muss er eine Schwimmweste anlegen. Und wir versuchen, ihm schon jetzt das Schwimmen beizubringen. Die Kosten für ein Boot sind ähnlich wie für ein Haus. Einen Liegeplatz zu bekommen, ist mittlerweile fast unmöglich und immens teuer – da zahlt man für den Monat leicht mehr als 1000 Euro für ein großes Schiff.

Wir ankern an unserem großen Grundstück mit eigener Steganlage in der Nähe von Potsdam. Wir leben wirklich mitten in der Natur, haben es aber nur wenige Autominuten zum nächsten Supermarkt. Unsere beiden Hunde, Australian Shepherds, kommen im Sommer meist nur zum Schlafen aufs Schiff. An Land haben wir noch Stallungen für unsere Tiere, drei Pferde und fünf Ziegen, aber kein Wohngebäude.

Wenn ich vom Schreibtisch nach draußen schaue, blicke ich übers Wasser – es gibt nichts Schöneres. Was mir wichtig ist: Unser Schiff ist kein Hausboot – das klingt zu sehr nach Urlaub. Und es liegt auch nicht fix vertäut. Zwei Monate im Jahr sind wir schon unterwegs damit. Als wir vor fünf Jahren geheiratet haben, waren wir mit unserem Schiff auf Hochzeitsreise: von Potsdam aus über die Oder Richtung Stettin, dann raus auf die Ostsee bis zur Insel Hiddensee. Von dort stammt die Familie meines Mannes. Und dann als Eheleute zurück in unseren Heimathafen. Das hat sich alles so richtig angefühlt.«

Bei Videokonferenzen und wichtigen Telefonaten ist Planung gefragt

»Mein Mann ist beruflich viel unterwegs, er ist Unternehmer und vermietet Flöße. Ich arbeite für einen internationalen Versicherungskonzern mit einer Niederlassung in Deutschland, in der Schadensabteilung. Ich habe auch ein Büro im Unternehmen, aber da bin ich maximal an zwei Tagen in der Woche. Wenn mein Mann und ich beide auf dem Schiff arbeiten, müssen wir uns schon absprechen, wer wann Ruhe braucht für eine Videokonferenz oder wichtige Telefonate.

Die Technik ist kein Problem – mobile Internetverbindungen machen es einem ja sehr leicht, von überall aus zu arbeiten. Wir haben eine Fritzbox mit einer SIM-Karte. Für Wasser und Abwasser kommt der Tankwagen – und wir haben seit drei Jahren eine Solaranlage auf dem Dach, sodass wir im Sommer viel Strom selbst erzeugen. Wir haben beide den Bootsführerschein Binnen und See und ein Funkzeugnis, damit wir problemlos unterwegs sein können.

Vor unserem ersten Winter an Bord hätten wir uns vielleicht intensiver mit der Heizung befassen müssen – die ist immer mal wieder ausgefallen, und dann fällt die Temperatur sehr schnell ab. Im Nachhinein lachen wir darüber: ›Weißt du noch, als du mir vorwurfsvoll das Thermometer entgegengehalten und gesagt hast: nur noch zwölf Grad hier drin?‹

Nach drei Jahren haben wir einen Kamin eingebaut – im Winter ist ein Holzfeuer herrlich.

Ob wir uns auch von dem Schiff trennen, wenn wir in das Alter der damaligen Vorbesitzer kommen? Ich glaube nicht – ich denke, unser Sohn würde es mit Freuden übernehmen. Vielleicht wollen wir irgendwann auf ein größeres Schiff – oder eines in anderen Gewässern. Unseren Lebenstraum haben wir uns jedenfalls schon jetzt erfüllt. Aber Wünsche haben wir schon noch: Eine große Reise durch Europa mit unserem Zuhause steht ganz oben auf der Liste.«

Schwimmender Tagungsraum

Strategie mit Seemannsknoten

Jens Buchloh, Geschäftsführer der Kieler Softwarefirma Ergovia, hat die Erfahrung gemacht, dass Menschen abseits der Bürolandschaften freier und kreativer arbeiten.

»In einem Container auf einem kleinen Campingplatz an der Ostsee hat eines meiner Teams in nur einer Woche geschafft, wofür wir sonst üblicherweise Monate brauchen: Die vier haben einen Prototyp einer App gebaut.

Es war ein Experiment: CoWorkLand, eine Genossenschaft, die sich für neue Arbeitsorte im ländlichen Raum einsetzt, hatte auf einem Campingplatz in der Eckernförder Bucht einen Bürocontainer aufgestellt und bot ihn zur Miete an. Die Einrichtung war eher spartanisch, es gab noch nicht mal einen Beamer, aber meine Mitarbeiter*innen waren sofort begeistert von der Idee, von dort aus zu arbeiten.

Übernachtet wurde in Zelten, das Grillgut habe ich persönlich vorbeigebracht. Ich war ja auch gespannt, wie das wohl laufen würde. Dass neue Umgebungen sehr inspirierend sein können, war mir klar. Aber dass die vier dann so produktiv waren, hat mich selbst überrascht.

Ein Teil des Erfolges lässt sich sicherlich damit erklären, dass alle Teilnehmenden in der Woche sehr viel länger gearbeitet haben, als sie das im Büro oder Homeoffice getan hätten. Weil keine Ablenkung da war, haben sie auch beim Baden im Meer oder abends beim Bier noch Ideen für die App ausgetauscht oder sich nach dem Abendessen noch mal schnell an den Rechner gesetzt. Aber das Entscheidende ist: Sie hatten da richtig Lust drauf.

In der IT kommt man mit monetären Belohnungen nicht mehr weit. Die Arbeit muss Spaß machen. Und solche Events helfen dabei. Würde man jede Woche in den Bürocontainer auf dem Campingplatz einladen, würde der Effekt sicherlich schnell verfliegen. Aber gezielt eingesetzt, sind solche Veranstaltungen ein Asset. Und sie eignen sich perfekt, um Teams zusammenzubringen, die sonst in ganz Deutschland verteilt im Homeoffice arbeiten, wie das bei uns der Fall ist.

Als Portfoliomanager betreue ich mittlerweile drei Firmen, und das Prinzip des Tapetenwechsels setze ich überall konsequent um. Für Strategiemeetings lade ich auf mein Motorboot ein. Denn auch da hat sich gezeigt: An einem Tag auf der Ostsee schaffen wir viel mehr als in mehreren Tagen in irgendwelchen Konferenzräumen. Man könnte denken, dass es von der Arbeit ablenkt, wenn da plötzlich ein Schweinswal auftaucht oder Möwen nebenan kreischen, aber das Gegenteil ist der Fall: Auf dem Boot sind alle wahnsinnig produktiv und lernen nebenbei Seemannsknoten.

Wir haben zwar noch ein eigenes Büro in Kiel, aber das wollen wir bald verkleinern. Wie alle haben wir in der Pandemie auf Homeoffice umgestellt, und noch immer sind die meisten Schreibtische verwaist. Wenn wir Plätze für 60 Prozent der Belegschaft vorhalten, reicht das locker.«

»Workation« im Selbsttest

Sommer, Sonne, fleißig sein?

Taugt eine Tischtennisplatte als Schreibtisch? SPIEGEL-Redakteur
Florian Gontek hat die Kombination aus Job und Urlaub gewagt –
und sich selbst überrascht.

»Bislang war für mich klar: Urlaub und Arbeit brauche ich beides, aber nicht zusammen. Als mein Freund Jasper Steinlechner mich fragte, ob ich nicht Lust hätte, ihn und sein Team für eine Woche auf ihrer Workation zu begleiten, war ich trotzdem nicht skeptisch. Jasper ist Co-Gründer eines Softwareunternehmens für die Rohstoffbranche. Ich mag nicht nur ihn sehr, sondern auch den Rest des Teams. Und: Beim Blick aus dem Fenster war bei mir nur Hamburger Winter.

Gut vier Monate später höre ich ein kurzes Platsch, dann Lachen. Während ich einen aktuellen Text zu einem Bundesarbeitsgerichtsurteil schreibe, landet eine Bananenflanke nach der anderen im Pool neben mir. »Den schieß ich dir bis nach Porto«, höre ich noch. Dann platscht es nicht mehr. Der Ball ist über den Zaun und ich gedanklich aus dem Überstunden-Urteil geflogen. Ich werde heute wohl noch ein bisschen länger am »Schreibtisch« sitzen, der im echten Leben eine Tischtennisplatte ist.

Ergeben zwei unterschiedliche Welten wirklich eine gemeinsame?

Ihr Versprechen wohnt der Workation schon im Namen inne. Sie versucht zwei Welten zu vereinen, die bislang allenfalls für Freelancer vereinbar schienen, Arbeit (»work«) und Urlaub (»vacation«). Ihr Grundgedanke ist zwar nicht neu, dabei aber so einfach wie naheliegend: Wenn ich meine Arbeit auch vom Küchentisch aus (oder der Tischtennisplatte) machen kann, warum dann nicht auch aus Marseille, Madrid oder Manila? Es ist eine Frage, die sich nicht wenige Beschäftigte gerade seit Beginn der Pandemie stellen – und die zunehmend mehr von ihnen für sich beantworten wollen.

Der Gedanke, unabhängig und losgelöst vom Arbeitsort seinen Job zu machen, ist in manchen Branchen undenkbar. Doch für Wissensarbeiter, Designer, Programmierer oder Journalisten ist er interessant: Knapp 27 Prozent aller Beschäftigten haben nach einer Umfrage der Hans-Böckler-Stiftung während des ersten Lockdowns von zu Hause gearbeitet, 25 Prozent halten das auch nach dem Ende der Homeoffice-Pflicht im März so, zeigen Zahlen des Ifo-Instituts. Eine Auswertung der Beratungsgesellschaft EY aus 2021 unter mehr als 16 000 Teilnehme*rinnen aus 16 Ländern macht dazu deutlich: Mehr als die Hälfte der Befragten würde eine Kündigung in Erwägung ziehen, wenn Arbeitsort und -zeit weiterhin so starr blieben wie vor der Pandemie.

Trotzdem zeigt die Pandemie, dass nicht wenige Menschen gerade diese neue Flexibilität bis aufs Äußerste überfordern kann: dass sie am Küchentisch ausbrennen, zwischen Chats und Mails versinken, die Trennung zwischen Schlaf- und Arbeitszimmer auch deswegen nicht schaffen, weil es derselbe Raum ist. 745 000 Menschen sterben jährlich an den Folgen zu langer Arbeitszeiten, zeigt eine Studie der Weltgesundheitsorganisation. Mehr als an Autounfällen oder an Gefahrenstoffen. Unsere Arbeit scheint eines der größten Risiken unserer Zeit – da stellt sich fast unweigerlich die

Frage: Darf Arbeit nicht auch Spaß machen? Und wenn dem so ist: Ist es dann am Ende trotzdem eine gute Idee, sie mit Urlaub verschmelzen zu lassen?

Arbeiten, wo andere surfen gehen

Wenn ich mit meinen Freund*innen in Frankreich zelten, entlang der Donau radeln oder in Havanna neue Orte erkunden war, wollte ich am besten möglichst weit weg von Laptop und Arbeit sein. Und das liegt nicht daran, dass ich meinen Job oder meine Kolleg*innen nicht mag, sondern weil ich im Moment leben wollte: mit meinen Mitmenschen, im Pinienwald, auf dem Surfbrett. Wo auch immer. Ein Laptop passte für mich selten in diesen Moment. Nicht immer habe ich mich daran gehalten; und doch ist es mein Credo für jeden Urlaub.

Bis auf die Erkenntnis, dass es mir recht gut gelingt, von unterwegs oder zu Hause zu arbeiten, sind das ziemlich schlechte Vorzeichen, um eine Workation zu beginnen. Wahrscheinlich hätte ich auch nicht unbedingt eine gemacht. Und wenn, dann hätte ich sie wohl anders genannt.

Die Unterkunft großzügig, die Miete überschaubar

Was Jasper erzählte, weckte Vorfreude in mir. Über Airbnb hatte er für Mai eine Unterkunft gebucht, die speziell für digitale Wanderarbeiter*innen angepriesen wurde. Sie hatte einzelne Arbeitszimmer, einen großzügigen Außenbereich mit Pool und lag etwa 15 Kilometer von Lissabon entfernt. Nahe der Costa da Caparica, einem kilometerlangen Strandabschnitt auf der westlichen Seite der Halbinsel Setúbal, der auch bei Surfer*innen ein beliebter Spot ist. Dazu war die Miete wirklich überschaubar. Das Haus mit vier Schlafzimmern, fünf Betten und zwei Bädern kostete für unseren

Zeitraum im Mai gerade mal 128 Euro pro Tag. Ist man, wie wir, zu viert in der Unterkunft, scheint das wirklich fair.

Eigentlich hatte Jasper die Workation als Teamevent für seine Mitarbeitenden zum einjährigen Jubiläum geplant. Doch die Probleme begannen noch vor der Abreise: Als er die Workation gebucht hatte, hatte sein Unternehmen noch drei Mitarbeiter*innen gehabt. Im Mai, zum Zeitpunkt der Reise, waren es dann schon doppelt so viele. Ein Teamevent, bei dem die Hälfte des Teams zu Hause bleiben musste? Ein weiteres Problem: Unter den Zuhausebleibenden wäre auch Jaspers Co-Gründer Oliver Noske gewesen – er hatte schon bei einem Junggesellenabschied und der dazugehörigen Hochzeit zugesagt. »Der Teamgedanke und die Idee, konzeptionell zu arbeiten, waren somit natürlich dahin. Ich wollte dann für mich vor allem die Frage beantworten, ob eine Workation für uns als Unternehmen und für mich persönlich auch etwas für die Zukunft sein kann«, sagt Jasper. Die logische Konsequenz aus diesen Entwicklungen war für ihn, Freunde zu fragen, ob sie nicht Lust hätten mitzukommen: »Da weiß ich, dass wir gemeinsam Spaß haben und arbeiten können – das ist doch optimal.« Und so kam ich ins Spiel. Wir reisten zu viert, drei davon aus unterschiedlichen Branchen. Quasi eine Coworkation.

Mit seinem Unternehmen arbeitet Jasper im Alltag ohnehin hybrid. Zwar gibt es ein festes Büro in Bielefeld, aber seit Kurzem hat er auch einen in Barcelona lebenden Entwickler angestellt.

Von den Arbeitsstrukturen habe man für den Ausflug nach Portugal gar nicht so viel umdenken müssen, sagt Jasper. Kompliziert sei vor allem gewesen, einen Zeitraum zu finden, an dem eine geeignete Unterkunft zu haben war, in der alle gut nebeneinander arbeiten konnten.

Reist man in Drittländer,
ist zusätzliche Vorsicht geboten

Für mich als Arbeitnehmer galt im Vorfeld meiner Workation das, was für alle Arbeitnehmer*innen gilt, die innerhalb der EU unterwegs sein wollen: Möchte man vorübergehend aus einem der 27 Mitgliedstaaten mobil arbeiten, sorgt die sogenannte A1-Bescheinigung dafür, dass man bei einer Dienstreise ins Ausland im Heimatland sozialversichert bleibt und seine Beiträge nicht in zwei Ländern zahlen muss.

Bei der Steuer gilt die sogenannte 183-Tage-Regel. Sie besagt, dass Beschäftigte weiterhin in Deutschland steuerpflichtig sind, solange sie weniger als 183 Tage in einem anderen Land arbeiten und ihren Lohn aus Deutschland bekommen – und nicht von einer Betriebsstätte im Reiseland. Ab dem 184. Tag müssen dann möglicherweise auch im Reiseland Steuern bezahlt werden. Viele Länder haben jedoch individuelle Doppelbesteuerungsabkommen geschlossen. Hier muss alles vorher eng mit dem Arbeitgeber abgestimmt werden. Das war auch mein Weg.

Dieser Tipp gilt erst recht, wenn es in einen Drittstaat außerhalb der EU gehen soll. Die Arbeitnehmerfreizügigkeit, das Recht also, seinen Arbeitsplatz innerhalb der EU frei bestimmen zu können, gilt außerhalb der EU logischerweise nicht mehr. Die Regelungen in Drittstaaten können von Land zu Land unterschiedlich sein, es ist also doppelte Vorsicht geboten.

Die Workation

Mit Bedacht sollte man nicht nur die Location, sondern auch die Menschen wählen, mit denen man eine Workation plant. Kompliziert wird es, wenn sie komplett unterschiedliche Tagesabläufe oder Arbeitsrhythmen pflegen.

Wie gut es funktionieren kann, wenn der Arbeitsalltag und die

Interessen harmonieren, merkte man recht schnell an unserer Gruppe. Auch die Unterkunft war perfekt. Anders als man es in anderen Berichten und ausführlichen Blogs über Workation-Erfahrungen liest, haben wir uns im Vorfeld nicht zusammengesetzt, um uns über unsere Vorstellungen für die gemeinsame Woche auszutauschen. Stattdessen haben wir meist am Vorabend geschaut, wie wir als Vierergruppe unseren Tag am besten planen können. Die Fragen, die wir uns stellten, waren dabei häufig die gleichen: Machen wir nach dem Aufstehen eine Runde Sport, oder muss jemand besonders früh mit der Arbeit beginnen? Frühstückt jeder für sich? Schaffen wir eine gemeinsame Mittagspause, in der immer jemand anderes frisch und vegan kocht – oder liegen die Termine zu eng? Stehen die Wellen so, dass es sich später noch lohnt, zum Strand zu fahren? Begleitet von dieser ziemlich rudimentären Tagesstruktur schwamm dann jeder zwischen Videokonferenz, Videoproducing und Recherche in seinem eigenen Flow mit gemeinsamen Inseln.

Seinen Arbeitsplatz hatte jeder schnell gefunden. War Ruhe und gutes Internet für einen längeren Videocall wichtig, setzte man sich an den Wohnzimmertisch neben den Router. Wollte man gern draußen arbeiten, taugte der Terrassentisch oder die Tischtennisplatte, die beim Lesen schmerzhafter klingt, als sie es am Ende eines Arbeitstages war. Sie wurde mein häufigster Arbeitsplatz. Mein Schlafzimmer war zum Arbeiten weniger gut geeignet. Ich hatte den Dachboden erwischt – da reichte das WLAN leider nicht hin, was aber auch nicht weiter schlimm war. Wer will auf einer Workation schon im Schlafzimmer hocken?

Brauchte man zwischendurch Feedback bei der Planung eines Podcasts oder eine schnelle Einschätzung zu einer Textpassage, hatte man immer jemanden, der einen anderen Blick auf die Dinge hatte und direkt ansprechbar war. Es sind diese kleinen, unscheinbaren Momente, die wieder da waren und im Homeoffice der vergangenen Monate wohl am häufigsten gefehlt hatten.

Auch Heike Ohlbrecht, 51, Professorin für Soziologie an der

Otto-von-Guericke-Universität in Magdeburg, sieht hier ein entscheidendes Plus einer Workation. Ohlbrecht, die vor allem zum Wandel der Arbeitswelt und seinen Auswirkungen auf die Gesundheit forscht, erkennt in einer Workation auch ein neuzeitliches Paradox: »Zum einen sehen wir Elemente wie Flexibilisierung, Entgrenzung, Subjektivierung und Arbeitsverdichtung, die wir alle mit dem Wandel der Arbeitswelt in Verbindung bringen würden, zum anderen scheint eine Workation vielen auch wirklich gutzutun«, sagt Ohlbrecht. Die Erklärung der Soziologin ist dabei so einfach wie eingängig: »Sehr entscheidend ist in meinen Augen die Abgrenzung vom Alltag, von privatem Stress und sozialen Verpflichtungen.« Man schaffe so für kurze Zeit eine Art surreales Arbeitsumfeld, sagt sie. Natürlich lasse sich so häufig entspannter arbeiten. Aber eben nur temporär.

Ohlbrechts Analyse deckt sich mit der unserer Gruppe. Nicht nur die eine Stunde Zeitverschiebung im Vergleich zu Deutschland und der automatisch frühere Feierabend scheinen Arbeitsstress zu nehmen. Es sind vor allem die Distanz vom Alltag, das gute Wetter und die Aussicht darauf, dass nach Feierabend noch Wellen warten, die einen unbeschwert aus dem Tag gleiten lassen.

Wir haben uns meistens den Luxus gegönnt, zweimal am Tag zu kochen. Beim Abendessen spricht man über den Tag, lässt das Erlebte vorbeiziehen. Während ich auf der Terrasse sitze, den anderen lausche, Salat, Kartoffelecken und Burgerpattie vor mir, muss ich mir eingestehen: Diese Tage auf Workation waren meine bislang schönste Arbeitswoche in diesem Jahr.

Das Fazit

Wenn auch fast alles besser geklappt hat als erwartet: Eine Workation ist nicht immer nur blauer Himmel (auch wenn der nicht enttäuscht hat). Ihr Gelingen steht und fällt mit der Planung, der Infrastruktur vor Ort und der Homogenität in der Gruppe. Dabei geht es nicht nur darum, dass man gut miteinander auskommt, sondern um die Herausforderung, unterschiedliche Arbeitsrhythmen miteinander vereinen zu müssen.

Auch auf manch unerwartetes Ereignis kann man mehr als 2000 Kilometer entfernt nicht so einfach reagieren. In Jaspers Team erkrankte eine Kollegin in Deutschland zu Beginn der Workation an Corona. Was sich in Bielefeld leicht umdisponieren ließe, war aus der Ferne ein Problem. »Man kann alles irgendwie umplanen, optimal ist es dann natürlich nicht«, sagt er.

Ein weiterer Punkt, in dem wir uns alle einig waren, ist das schlechte Gewissen: gegenüber der Umwelt, den Kolleg*innen zu Hause, wegen des Privilegs, unter solchen Bedingungen arbeiten zu dürfen.

Ob die Workation die Arbeitswelt revolutioniert? Schwierig.

Die Soziologin Heike Ohlbrecht bleibt gegenüber der Workation skeptisch: »Valide Forschung dazu gibt es kaum«, sagt Ohlbrecht. Dass sie nicht der Schlüssel zu einer neuen Arbeitswelt ist, da ist sich die Soziologin ziemlich sicher:

»Das Modell funktioniert ja nur für einen sehr ausgewählten Teil der Arbeitswelt und setzt eine sehr hohe intrinsische Bereitschaft voraus – und vor allem führt es eher dazu, dass die Entgrenzung von Arbeit und Beruf weiter zunimmt. Ich als Gesundheitssoziologin würde weiter den klassischen Urlaub empfehlen.«

Was also taugt eine Workation wirklich? Das pauschal zu beantworten ist schwierig. Dafür sind die Anforderungen und Erwartungen an Arbeit und Arbeitsumfeld wohl einfach zu individuell. »Ich persönlich war überrascht, wie produktiv ich während der Woche war, wie viel Spaß ich dabei hatte und wie erholt ich mich danach in Deutschland gefühlt habe. Auch Jasper teilte den Eindruck. Er will die Woche im Mai jetzt als fixen Workation-Termin etablieren. Mir gefällt die Idee – und dennoch: Wenn es für mich in zwei Wochen nach Frankreich auf den Zeltplatz geht, bleibt mein Laptop auch dieses Jahr ganz sicher zu Hause.«

Organisation

Was bei mobilem Arbeiten aus dem Ausland zu beachten ist

Es ist eine Frage, die früher oder später wohl alle umtreibt, die mobil arbeiten und ungebunden sind: Wenn ich von überall aus arbeiten kann, warum dann nicht einfach von dort, wo es wärmer ist, Italien oder Spanien zum Beispiel – oder Südafrika? Netzwerke wie LinkedIn oder Xing sind voll von Arbeitsbildern am Pool, in Fincas oder Cafés an Traumorten. Die Message ist ähnlich: Schau mal, wie gut ich's hab.

Deutschland hängt bei gesetzlicher Homeoffice-Regelung hinterher

Eva Wißler, 49, ist Fachanwältin für Arbeitsrecht in Frankfurt am Main. Auch sie merkt, dass der Wunsch wächst, im Warmen zu überwintern – nicht nur unter Selbstständigen. Zwar gibt es in Deutschland, anders als etwa in Frankreich oder den Niederlanden, noch immer keinen gesetzlichen Anspruch auf Homeoffice, »an betriebseigenen Lösungen arbeiten gerade jedoch viele Unternehmen«, sagt Wißler. »In diesem Bereich wird sich in Zukunft extrem viel tun.«

Eine kompakte Übersicht über die wichtigsten Regelungen für das mobile Arbeiten in jedem Land der Welt ist allerdings schwer zu erstellen. Denn die Einzelheiten sind davon abhängig, in welches Land es gehen soll.

Will man in einen Drittstaat, wartet besonders viel Bürokratie

Möchte man vorübergehend aus einem der 27 EU-Mitgliedstaaten arbeiten, sorgt die sogenannte A1-Bescheinigung dafür, dass man bei einer Dienstreise ins Ausland im Heimatland sozialversichert bleibt und seine Beiträge nicht in zwei Ländern zahlen muss. Für die Steuer gilt die sogenannte 183-Tage-Regelung als Grundlage. Sie besagt, dass Beschäftigte weiterhin in Deutschland steuerpflichtig sind, solange sie weniger als 183 Tage in einem anderen Land arbeiten und ihren Lohn aus Deutschland beziehen – und nicht von einer Betriebsstätte im Reiseland. Ab dem 184. Tag müssen womöglich dann auch im Reiseland Steuern bezahlt werden.

»Viele Länder haben individuelle Doppelbesteuerungsabkommen geschlossen. Hier sollte man sich unbedingt beim Steuerberater informieren, um im Vorhinein zu wissen, woran man ist. Denn gerade bei der Steuerfrage gibt es keine pauschale Aussage, ob eine individuelle Besteuerung im Ausland gut oder schlecht ist«, rät Wißler. Auf alle Fälle sei zu empfehlen, sich eng mit dem Arbeitgeber abzustimmen. Jeder müsse sich im Vorfeld zwingend die Zustimmung fürs vorübergehende mobile Arbeiten aus dem Ausland einholen.

Generell, so die Juristin, erleichterten die einheitlicheren Strukturen und die Arbeitnehmerfreizügigkeit innerhalb der Europäischen Union die Möglichkeit, im EU-Ausland zu überwintern. Dennoch: »In der EU ist es schon nicht so einfach – in einem Drittland wird es noch einmal komplizierter«, sagt auch die Frankfurter Arbeitsrechtlerin Aziza Yakhloufi. Hier müsse für jedes Land individuell geprüft werden.

Die Krux: Das deutsche Arbeitsrecht ist unflexibler als so mancher Chef. Für Arbeitgeber*innen kann es zum Beispiel teuer werden, wenn ihren Angestellten im Ausland etwas zustößt. Dann müssen sie womöglich die Behandlungskosten tragen. Und reisen die Mitarbeiter*innen in ein Land, das kein Sozialversicherungsabkommen mit Deutschland geschlossen hat, müssen sie offiziell von ihrer Firma entsendet werden, damit für sie weiter das deutsche Sozialversicherungsrecht gilt. Ohne juristische Unterstützung sei das kaum zu bewältigen, sagt Arbeitsrechtlerin Wißler.

Legaler Trick für Arbeitgeber

Es gibt allerdings einen legalen Trick, den einige Unternehmen anwenden: Sie nutzen einen »Employer of Record« (zu Deutsch: »Registrierter Arbeitgeber«) – quasi eine Art Leiharbeitsfirma, von der sie ihre eigenen Leute zurückmieten. So können Deutsche im Ausland über eine lokale, zwischengeschaltete Agentur angestellt werden oder aus dem Ausland dauerhaft weiter für ihre deutsche Firma arbeiten.

Julia Carloff-Winkelmann, 48, ist Personalerin in einem Berliner Mobilitäts-Start-up. Rund zehn Prozent ihrer Kolleg*innen in der Zentrale ihres Arbeitgebers sind über einen »Employer of Record« beschäftigt: Sie arbeiten aus Spanien, Portugal, Schweden, Belgien und Armenien für das Berliner Start-up und kümmern sich aus dem Ausland um Software, Hardware, Marketing oder Finanzen. Sie haben keine abweichenden Mailadressen, keine anderen Namen im Kommunikationstool – dass sie über einen Zwischenanbieter beim Start-up angestellt sind, merken sie im Zweifel nur auf dem Gehaltsscheck, der nicht aus Berlin, sondern vom Provider vor Ort kommt.

Die Zahlung läuft so, dass der Arbeitgeber das Gehalt des Mitarbeitenden plus monatlicher Gebühr an den »Employer of Record« überweist, der die oder den Beschäftigten dann auszahlt. »Wir kaufen als Unternehmen so die Gewissheit, dass wir auf der sicheren Seite sind«, sagt Julia Carloff-Winkelmann. Mehr über dieses Konzept erfahren Sie im nächsten Kapitel.

Organisation

So funktioniert die Arbeit mit einem »Employer of Record«

Was ist ein »Employer of Record«?

Vereinfacht gesagt, ist ein »Employer of Record« ein Anbieter, der auf dem Papier die Aufgabe hat, Arbeitgeber zu sein – ähnlich einer Leiharbeitsfirma. »Der ›Employer of Record‹ übernimmt dabei als Dienstleister die gesamte Abwicklung: Er schließt den Arbeitsvertrag und sorgt dafür, dass alles rechtssicher über die Bühne geht«, sagt die Berliner Arbeitsrechtlerin Anne Lachmund.

Der Arbeitgeber in Deutschland ist der praktische Arbeitgeber: Er weist an und bestimmt den Arbeitsalltag. Der »Employer of Record« im Ausland dagegen ist der Arbeitgeber auf dem Papier und zahlt auch das Gehalt aus. Er achtet darauf, dass die lokalen Gesetze des jeweiligen Landes eingehalten und ganz regelkonform lokale Steuern bezahlt werden.

Der Markt für »Employer of Record« wurde in den vergangenen Jahren von einer Vielzahl neuer Anbieter überschwemmt. Als seriöse Adressen gelten etwa oysterhr.com, workmotion.com oder remote.com.

In welchen Fällen ist ein »Employer of Record« sinnvoll?

Für einen »Employer of Record« gibt es zwei klassische Anwendungsfälle:

Der Erste ist, wenn ein Unternehmen in Deutschland für eine bestimmte Stelle niemanden findet und sich überlegt, Fachkräfte aus dem Ausland zu rekrutieren. Nehmen wir das Beispiel einer Programmiererin, die in Spanien arbeitet. Dort sitzt eine Frau in Sevilla, die genau den gesuchten Fähigkeiten entspricht, die Stadt wegen ihrer Familie aber nicht verlassen möchte. Nun hat man als Berliner Start-up mit fünf Mitarbeiter*innen aber nicht die finanziellen Kapazitäten, um eine Niederlassung in Spanien zu gründen – was die Pflicht wäre, wenn dauerhaft eine Mitarbeiterin von Spanien aus für eine deutsche Firma arbeitet. Denn in einem deutschen Unternehmen gilt deutsches Steuerrecht. Für das Arbeiten im Ausland greift dann die sogenannte 183-Tage-Regelung als Grundlage. Sie besagt, dass Beschäftigte maximal 183 Tage in einem anderen Land arbeiten dürfen und dafür ihren Lohn aus Deutschland beziehen. Wird es mehr, muss eine Niederlassung im Ausland gegründet werden. »Um diesen Aufwand zu verhindern, kommt der ›Employer of Record‹ ins Spiel, der diese ausländische Gesellschaft für den individuellen Mitarbeitenden quasi ersetzt«, sagt Lachmund.

Der zweite Fall ist der, dass ein deutscher Mitarbeiter oder eine Mitarbeiterin etwa lieber dauerhaft in Spanien wohnen möchte. Weder möchte er seinen deutschen Arbeitgeber jedoch verlassen, noch möchte sein Arbeitgeber ihn ziehen lassen.

»Gerade bei Tech-Start-ups findet man beide Fälle recht häufig. Der Wettbewerb ist sehr groß, und kleine Unternehmen müssen kreativ sein, weil sie die guten Leute sonst nicht bekommen, geschweige denn halten können. Ein ›Employer of Record‹ liefert momentan in solchen Fällen die höchste Sicherheit bei allen steuerrechtlichen und Compliance-Fragen«, sagt Arbeitsrechtlerin Lachmund. Ab fünf bis zehn Mitarbeiter*innen lohne es sich jedoch für Unternehmen meistens, eine Gesellschaft im Ausland zu gründen. Größere Konzerne haben häufig eigene Dependancen im Ausland oder limitieren den Bereich des mobilen Arbeitens derzeit lieber noch auf EU-Länder, um sich steuerlich abzusichern.

Verena Töpper auf der Hohenburg in Homberg/Efze, ihrer Wahlheimat während des »Summer of Pioneers«

Verfall: Viele Läden in der Homberger Altstadt stehen seit Jahren leer – der »Summer of Pioneers« soll das ändern

Kino »uff de Gass«: Beim ersten Event des »Summer of Pioneers« in Homberg wurden auf dem Marktplatz Stummfilme mit musikalischer Begleitung gezeigt

Gemeinschaftsbüro mit Hängematte: Die »FachWerkerei« heißt in Homberg jetzt Coworker*innen willkommen

Gartenarbeit mal anders:
Mit einem Bürohäuschen im Garten
kann man sich ein zusätzliches
Arbeitszimmer einrichten, wenn
der Platz im Haus nicht reicht

Terrasse überm Teich:
Bei diesem Gartenbüro ist der kurze Arbeitsweg ein Genuss

Vanlife: Die Astro-
fotografin und Autorin
Katja Seidel an ihrem
Arbeitsplatz

Lightshow: Katja Seidels Van unter Polarlichtern

Wagenburg der Coworker: Bei den »Outdoor Coworking Days« treffen sich firmenübergreifend Softwareentwickler, Projektleiterinnen, UX-Designer, aber auch Gründerinnen und Ingenieure zum Arbeiten im Freien

Lisa Schuhmacher im Urlaub mit Karl, dem Firmen-Bulli

Arbeiten im Grünen: Einmal im Monat veranstaltet die kleine Münchener Digitalagentur Format D einen »Working Out of Office Day«, kurz »WoooDay«

Kreative Arbeit: Wer braucht schon ein Flipchart, wenn er einen Van hat?

Viel Platz: Das Wohnschiff der Bemmanns ist 15 Meter lang und fünf Meter breit ▸

Homeoffice im Schiff: Andrea Bemmann lebt mit Mann Ole, Kind und zwei Hunden auf einer in Großbritannien gebauten Barge

Auf Wasser gebaut: Beim Arbeiten im Schiff kommt es auf gute Raumaufteilung an

Arbeiten unterm Sonnensegel:
Ole Bemmann auf dem Wohnschiff in der Nähe von Potsdam

Vom Coworking-Café zur Unternehmensgruppe: St. Oberholz managt mittlerweile 16 000 Quadratmeter Büroflächen in Berlin und Brandenburg

Als Koulla Louca und Ansgar Oberholz 2005 das Café St. Oberholz in Berlin eröffneten, gab es weder iPhone noch flächendeckendes WLAN. Mobiles Arbeiten galt damals als avantgardistisch

Pionierin:
Martina Knittel hat den
Grünhof mitbegründet,
der in Freiburg drei
Standorte hat

Kaffee und Orientierung:
Die Infobar in der Lokhalle in Freiburg, einem der drei Standorte des Grünhof

Gemeinschaftsfläche: Gegenüber der Infobar ist Platz zum Netzwerken

Kistenweise Arbeit: In der denkmalgeschützten Lokhalle in Freiburg können Coworker*innen sich einen Container mieten

New Work Café in Hamburg: Im »Hugs and Plugs« gibt es gesundes Essen und bequeme Arbeitsplätze für digitale Nomad*innen

Ungestört arbeiten: Im »Hugs and Plugs« kann auch ein Podcaststudio gemietet werden

Arbeiten im Fluss: Das Coworking-Boot Lore liegt in Hamburg in einem Seitenarm der Bille

Büro an Bord: An den Schreibtischen der Lore geht der Blick immer aufs Wasser

Vorne das Meer, ringsherum feiner Sand: Sebastian Lier und Knud Plambeck vermieten am Strand von Eckernförde stundenweise das Mini-Büro »Nordort«

Willkommen im Strandbüro: Eine Sitzbank, ein kleiner Tisch mit Lampe und eine Steckdose – die Einrichtung ist spartanisch, aber sie reicht zum Arbeiten

Was muss den Behörden nachgewiesen werden, bevor man jemanden über einen »Employer of Record« beschäftigt?
Tatsächlich nichts. Es geht allein um den Servicevertrag und eventuelle Benefits, die man mit dem »Employer of Record« vereinbart. Der anweisende Arbeitgeber zahlt eine monatliche Gebühr an den »Employer of Record«.

Was sind die Vor- und Nachteile eines »Employer of Record«?
Der offensichtlichste Pluspunkt für einen »Employer of Record« liegt auf der Hand: Er lässt den Pool potenzieller neuer Mitarbeiter*innen deutlich größer werden. »Und das rechtssicher. Vor allem im Vergleich zu Freelancer-Konstellationen, die schnell halbseiden werden und bei denen die Gefahr der Scheinselbstständigkeit besteht«, sagt Lachmund.

Auch die Nachteile sind offenkundig: Das Zugehörigkeitsgefühl ist geringer, es fühlt sich für viele vielleicht komisch an, nicht direkt, sondern über einen Mittelsmann angestellt zu sein. Man ist quasi ein Leiharbeiter oder eine Leiharbeiterin.

Ein anderes Problem sind die nicht unwesentlichen Kosten, die monatlich anfallen.

Wie teuer ist ein »Employer of Record« für Unternehmen?
Die Preise ähneln sich und liegen zwischen 400 und 600 Dollar pro Monat und Mitarbeiter oder Mitarbeiterin, je nach Anbieter und Paket, das man bucht.

Welche Arbeitsschutzgesetze und Urlaubs- und Arbeitszeitregelungen gelten?
Auch hier fällt die Antwort recht kurz aus. »Es gilt das Arbeitsrecht des Landes, in dem gearbeitet wird«, sagt Anne Lachmund. Arbeitet man also aus Armenien für ein deutsches Unternehmen, gilt armenisches Arbeitsrecht, sprich: die armenische Regelung für Urlaubstage oder Überstunden. Bezahlt wird in der Regel in der

Landeswährung. Entscheidend ist, dass die gesetzlichen Mindestanforderungen, die im jeweiligen Land gelten, nicht unterschritten werden.

Löst ein »Employer of Record« das Problem, dass Beschäftigte nach 183 Tagen in einem anderen Land steuerpflichtig werden?
Ja. Ein »Employer of Record« klärt die Steuerproblematik vollständig.

Ist ein »Employer of Record« nur für das Arbeiten im EU-Ausland oder auch in Drittstaaten interessant?
Ob es sich um ein EU- oder um einen Drittstaat handelt, ist beim »Employer of Record« egal. Im Angebot befinden sich schon jetzt Länder auf der ganzen Welt: von Argentinien über Indien bis Uruguay.

Ist ein »Employer of Record« zeitlich begrenzt?
Hier gibt es keine Besonderheiten. Der »Employer of Record« läuft dann aus, wenn der tatsächliche Arbeitgeber den Vertrag mit dem Anbieter beendet.

Wie verbreitet ist ein »Employer of Record« in deutschen Unternehmen?
Das Thema tritt langsam aus der Nische. Gerade in der Tech- und Digitalszene sind »Employer of Record« beliebt. In Großkonzernen dagegen sei ein »Employer of Record« seltener Thema, sagt Anne Lachmund: »Hier bestehen häufig Gesellschaften im Ausland – und die Risikobereitschaft großer Konzerne ist beim mobilen Arbeiten im Ausland noch immer nicht so ausgeprägt.«

Workation

»Wir wünschen uns noch viel mehr Freiheit«

Die Psychologin und Wirtschaftswissenschaftlerin Angela Löw-Krückmann, 56, verantwortet bei Otto die interne HR-Beratung. Zuvor war sie in verschiedenen Unternehmen im Management tätig. Hier erzählt sie, wie die Otto GmbH und Co. KG mit dem Thema Workation umgeht.

Seit dem 1. Oktober 2022 dürfen Otto-Beschäftigte auch aus dem europäischen Ausland arbeiten. Können die sich jetzt für den Rest der Heizperiode auf Teneriffa ins Strandcafé setzen? Leider nein. Die Regelung ist auf 30 Tage pro Jahr beschränkt – und auf zehn Tage pro Land. Das haben aber nicht wir uns ausgedacht, das sind steuerliche und gesetzliche Regelungen, die uns einschränken. Überschritte man die Vorgaben, müssten Steuern und Sozialversicherungsabgaben in dem jeweiligen Land entrichtet werden – und der Arbeitnehmer wäre womöglich doppelt steuerpflichtig und hätte Lücken im Sozialversicherungsverlauf.

Wir würden unseren Mitarbeitenden gern noch mehr Freiheit bieten – im europäischen Kontext spricht aus unserer Sicht nichts dagegen, die Regeln zu lockern. Wir hoffen, dass das in den nächsten Jahren passiert.

Welche Erfahrungen haben Sie denn bisher mit dem mobilen Arbeiten gemacht?

Nur gute. Und das nicht erst seit der Pandemie, sondern schon seit 2017. Seit wir das mobile Arbeiten eingeführt haben, gibt es übrigens keinen Anstieg von Disziplinarmaßnahmen, Abmahnungen oder arbeitsrechtlichen Auseinandersetzungen. Das läuft alles rund. Es gibt in jedem Unternehmen immer so um die fünf Prozent an Leuten, bei denen es vielleicht eher mal Probleme gibt – aber das hat dann nichts mit dem Arbeitsort zu tun.

Man kann ja schwer kontrollieren, von wo aus die Leute arbeiten.

Das wollen wir auch gar nicht. Wir haben eine ausgeprägte Vertrauenskultur. Wir analysieren auch keine technischen Zugriffe – aber wir beraten sehr genau und sensibilisieren die Mitarbeiterinnen und Mitarbeiter für die Probleme. Wer ins Ausland will, sollte zuerst mit der Führungskraft sprechen, da wird geschaut, wie es fürs Team passt. Dann durchläuft man online einen kleinen Fragebogen, in dem die rechtlichen Gegebenheiten abgeklärt werden, und bekommt sofort das Feedback, ob das so in Ordnung ist. Das Einzige, worum man sich selbst bei der Sozialversicherung kümmern muss, ist der A1-Schein, den man im Ausland bei sich führen muss – aber der wird in der Regel auch innerhalb weniger Tage von der Behörde ausgestellt.

In welche Länder dürfen Ihre Leute?

In alle EU-Länder – bis auf Belgien, weil man dort schon vom ersten Tag an melden muss, dass man arbeitet. Auch die Länder der Europäischen Freihandelsassoziation EFTA sind eingeschlossen: Island, Liechtenstein, Norwegen und die Schweiz.

Wie ist die Resonanz auf das Angebot?

Etliche Mitarbeitende standen schon zum 1. Oktober in den Startlöchern. Der Renner ist Spanien, aber auch Frankreich und Italien sind beliebt. Ein Kollege hat bei uns neu angefangen – und gleich am zweiten Tag einen Auslandsaufenthalt begonnen. Er ist Single und hat gesagt: Bevor ich hier im trüben Herbst sitze, kann ich erst mal anderthalb Wochen in der spanischen Sonne arbeiten. Eine Mitarbeiterin wollte ihrem Sohn beim Umzug ins Ausland helfen und hat dann einfach noch zwei Wochen an den Urlaub drangehängt. Das machen viele.

Warum bietet die Firma das an?
Weil wir es können. Weil wir es wollen. Und weil unsere Mitarbeitenden das wollen. Es gibt bei den meisten keine guten Argumente dagegen – wir haben bei der Otto GmbH und Co. KG rund 6200 Angestellte, davon sind, schätze ich, zwischen 90 und 95 Prozent in der Lage, zumindest einen Teil ihrer Arbeit mobil zu leisten. Auch in Bereichen, an die man eher weniger denkt: Der Küchenchef, der sich überlegt, eine Südamerika-Themenwoche aufzulegen und dafür Rezepte zusammenstellt und sein Konzept schreibt – das kann er auch zu Hause oder mobil machen. Und natürlich macht uns so eine Regelung auch als Arbeitgeber attraktiv – wir werben damit auf unserer Karriereseite. Es hat viel mit dem Menschenbild zu tun. Wer glaubt, man müsse Mitarbeiter ständig im Blick haben, damit sie etwas leisten, hat noch einen weiten Weg vor sich.

Dürfen alle mitmachen?
Einige Gruppen sind ausgenommen. Leute, die ihre Aufgaben zwingend vor Ort erledigen müssen – das betrifft übrigens auch die Geschäftsführer, aus rechtlichen Gründen, und Auszubildende, weil es in den meisten Ländern kein duales System gibt und damit andere Arbeitszeit- und Lohngesetze berücksichtigt werden müssen.

Welche Feiertage gelten?
Es gelten die Feiertage in dem jeweiligen Land – an diesen Tagen dürfen auch unsere Mitarbeiterinnen und Mitarbeiter dort nicht arbeiten. Aber die müssen dann einen Tag Urlaub nehmen, weil sie

die Arbeitstage, die am Standort in Deutschland gelten, in der Zeit ihres Auslandsaufenthalts auch leisten müssen. Man kann nicht ins Ausland gehen, um dort zusätzliche freie Tage abzugreifen.

Es gibt eine zunehmende Kluft zwischen mobilen Wissensarbeiter*innen und Dienstleister*innen, die immer vor Ort rackern müssen. Wie gehen Sie mit Neid im Unternehmen um?
Wir haben diese Neiddiskussion eigentlich nicht. Mit Unterschiedlichkeiten geht man ja nicht am besten damit um, dass man alle gleichmacht. Den ortsgebundenen Angestellten hilft es nicht, wenn mobiles Arbeiten für andere verboten wird. Es ist viel besser, mit einem sehr differenzierten Blick auf die jeweiligen Gruppen zu schauen und herauszufinden: Was brauchen die, um gut arbeiten zu können und sich wertgeschätzt zu fühlen?

Gibt es verbindliche Präsenzzeiten in Ihrem Unternehmen?
Viele Teams vereinbaren feste Ankerpunkte, Zeiten, an denen sie sich treffen. In manchen Teams ist der Remote-Anteil viel höher als in anderen, aber auch das ist okay. Wir bemerken immer wieder Pull-Effekte. Wenn erst mal zwei oder drei Menschen im Büro sind, dann ist es oft so, dass auch die Homeoffice-Leute wieder Lust bekommen, mal nett zusammen in die Kantine zu gehen.

Wo arbeiten Sie denn selbst am liebsten?
Viel von zu Hause, aber auch gern auf dem Campus. Mein exotischster Arbeitsort war eine alte Dorfkneipe im Hunsrück, die meine Brüder vor einigen Jahren gekauft und renoviert haben. Bei Videokonferenzen haben viele gedacht, ich hätte einen besonders schicken Bildhintergrund oder wäre irgendwo in einer überkandidelten Location. Aber das rustikale Regal im Hintergrund und die Instrumente an der Wand waren original. Ich habe es sehr genossen, bei meiner Familie zu sein, zu helfen, diese Kneipe zu renovieren und auch von dort aus zu arbeiten.

Neues Leben in der Stadt

Orte können Großes leisten – oder verhindern. Manche Menschen ziehen sich zur Ideenfindung und -ausarbeitung am liebsten in die Berge oder ans Meer zurück, aber Großstädter haben seit jeher eigene Antworten auf die Suche nach inspirierenden Umgebungen gefunden.

Schriftsteller*innen wie Jean-Paul Sartre, Simone de Beauvoir, Anaïs Nin oder James Baldwin gingen in den 1930er-Jahren im Pariser Café de Flore ein und aus. In Wien etablierte sich der Begriff der Kaffeehausliteratur. Autoren wie Hugo von Hofmannsthal, Karl Kraus, Robert Musil, Arthur Schnitzler empfanden das Kaffeehaus als natürliches Habitat für den denkenden Geist: das Summen und Brummen der Stadt im Hintergrund und immer wieder Zufallsbegegnungen, die neue Denkanstöße geben können.

Stefan Zweig fasste das 1941 in seinem Buch *Die Welt von gestern* so zusammen: »Das Wiener Kaffeehaus stellt eine Institution besonderer Art dar, die mit keiner ähnlichen der Welt zu vergleichen ist. Es ist eigentlich eine Art demokratischer, jedem für eine billige Schale Kaffee zugänglicher Club, wo jeder Gast für diesen kleinen Obolus stundenlang sitzen, diskutieren, schreiben, Karten spielen, seine Post empfangen und vor allem eine unbegrenzte Zahl von Zeitungen und Zeitschriften konsumieren kann.«

Ergänzt man das Medienangebot um ein vernünftiges WLAN (und legt den »kleinen Obolus« etwas großzügiger aus), hat er damit eine erstaunlich moderne Beschreibung von Coworking-Cafés wie dem St. Oberholz in Berlin oder dem HugsandPlugs in Hamburg geliefert.

Hier gehört das Prinzip der Serendipität, des glücklichen Zufalls, zum Geschäfts- und Lebensmodell: Man findet, was man gar nicht gesucht hat, weil man gar nicht wusste, was man hätte suchen sollen.

So finden Menschen zueinander, die einander sonst vielleicht nicht begegnet wären. Das eröffnet neue Perspektiven auf das eigene Tun. Und nicht selten entstehen aus diesen Bekanntschaften neue Geschäftsideen, manchmal sogar eigene Firmen. Start-ups wie Soundcloud, Brands4friends oder Hello Fresh sind im Berliner Café St. Oberholz entstanden.

In dem Café eines Londoner Betreibers gründete sich eine ganze Versicherungsbörse, weil die Kunden dort ohnehin ständig aufeinandertrafen und miteinander Geschäfte machten. Das Start-up, das sich auch nach dem Café benannte, wurde über die Jahre milliardenschwer. Und es waren viele Jahre, denn das Coworking-Café von Edward Lloyd, das Loyd's of London, war schon im Jahr 1688 an der Tower Street etabliert – als Treffpunkt für Kapitäne, Versicherer, Seeleute und Kapitalgeber.

Dieses frühe Beispiel von gar nicht mal so *New Work* zeigt, dass drei Faktoren für gelungenes Coworking wichtig sind, wenn Neues daraus entstehen soll: Das Netz, in dem glückliche Zufälle und Begegnungen sich verfangen können, muss eng geknüpft sein, dafür braucht es eine sorgfältige Raumplanung und gute, niedrigschwellige Angebote für gemeinsame Aktivitäten; Synergie – wenn mehrere Leute vor gleichen Aufgaben stehen, spart es Zeit und Geld, Ressourcen zu bündeln; und guter Kaffee. Ohne gastronomisches Angebot, das wissen auch heutige Anbieter, kann man den Laden dichtmachen – und ohne schallgeschützte Rückzugsräume ebenfalls.

Städtisches Arbeiten kann die gesamte Bandbreite zwischen lebendig-trubeligen und idyllisch-abgeschiedenen Inspirationsräumen abbilden. Und im Zuge der Neuordnung der Arbeitswelt zieht die Sache noch weitere Kreise: Wo wir unsere Jobs neu denken, muss die Architektur, muss die Stadtplanung nachziehen. Oder sogar Vorreiterin sein.

»Die Menschen, nicht die Häuser machen die Stadt«, soll der griechische Staatsmann Perikles gesagt haben, der im fünften vorchristlichen Jahrhundert die Akropolis in Athen neu bauen ließ. Das Zitat ist in doppelter Hinsicht interessant: Die Menschen, die Begegnungen, die Gespräche – das kann ein wichtiger Faktor für das eigene kreative Tun sein. Andererseits hätte das Stadtzentrum ja nicht neu errichtet werden müssen, wenn es nicht auch auf die Häuser ankommen würde.

Große, in sich abgeschottete Firmenzentralen, in die sich morgens um acht ein Strom an Menschen ergießt, der nachmittags um fünf wieder den Weg hinaus nimmt – das ist kein Zukunftsmodell mehr. Wir brauchen Orte, die sich den Bedürfnissen der Menschen anpassen, die mehr Teilhabe ermöglichen, die berücksichtigen, dass Arbeit Leben ist – und die die Arbeit zurückholen in die Lebenswelt. Von solchen Orten berichten wir in diesem Kapitel.

Coworking-Café

Netzwerken und durchstarten

Ansgar Oberholz, Jahrgang 1972, ist ein Pionier des mobilen Arbeitens. 2005 versorgte er als einer der ersten Gastronom*innen in Berlin seine Gäste mit WLAN. Die gründeten im Café St. Oberholz Firmen wie Soundcloud oder Hello Fresh. St. Oberholz ist heute eine Unternehmensgruppe, die 16 000 Quadratmeter Büro- und Workshopflächen in Berlin und Brandenburg managt, Unternehmen berät – und seit Januar 2023 auch ein Workation-Hotel an der Müritz betreibt.

Herr Oberholz, vor zehn Jahren hat der SPIEGEL das Café St. Oberholz in Berlin als »Treffpunkt der digitalen Boheme« beschrieben. Damals haben Sie es kategorisch abgelehnt, weitere Filialen zu eröffnen. Jetzt hat das St. Oberholz 14 weitere Adressen. Haben Sie Ihre Ideale verraten?

Nein, das Phänomen des mobilen Arbeitens ist im Mainstream angekommen, und wir sind nah an unseren Nutzern geblieben. Als wir das Café am Rosenthaler Platz 2005 eröffnet haben, galt mobiles Arbeiten noch als avantgardistisch. Es gab weder das iPhone noch flächendeckendes mobiles Internet, WLAN war damals der »hot shit«. Und wir sind von vielen belächelt worden: Wie, die Gäste bei euch arbeiten? So ein Quatsch, die trinken doch nur Kaffee. Aber wir haben ja selbst so gelebt. Und mit unserem Angebot haben wir einen Nerv getroffen, wir sind förmlich überrannt worden. Die Energie und Aufbruchstimmung von damals lässt sich so nicht wiederholen, aber weiterhin nutzen.

Gibt es überhaupt noch eine »digitale Boheme«?
Ich denke, es gibt sie noch, aber das Adjektiv »digital« wirkt völlig aus der Zeit gefallen. Digital zu arbeiten ist mittlerweile so alltäglich, dass es als Alleinstellungsmerkmal für eine Gruppe nicht mehr taugt. Die Avantgarde, das sind für mich jetzt die Leute, die sich beruflich mit Kryptowährungen und Blockchain beschäftigen. Dass die noch bei uns im Café sind, wage ich zu bezweifeln. Ich glaube, die sind alle an der Südküste von Portugal.

Und Sie sind hiergeblieben und vom Gastronomen zum Manager geworden.
St. Oberholz ist mittlerweile eine Unternehmensgruppe mit vier eigenständigen Tochterfirmen. Wir betreiben Coworking-Spaces, bieten flexible Büroeinheiten an, haben eine Unternehmensberatung ausgegründet und organisieren Workations. Und ja, ich bin der CEO, was natürlich auch nur ein romantischerer Begriff ist für Geschäftsführer.

Sind Sie dann noch nah an den Nutzern?
Tatsächlich sind unsere Teams jetzt näher dran an den Kunden als meine Mitgründerin Koulla Louca und ich. Wir haben 72 Mitarbeitende, um die Unternehmensberatung kümmert sich Malte Sudendorf. Damals hatten wir Sorge, dass unsere Werte mit einer Expansion verloren gehen würden. Aber ich finde, wir haben das sehr gut hinbekommen.

Das würde jetzt jeder sagen.
Stimmt. Jedes Start-up behauptet von sich, nur Menschen zu beschäftigen, die Spaß an der Arbeit haben, aber die Menschen, die

bei St. Oberholz arbeiten, haben eine sehr bewusste Entscheidung getroffen. Koulla und ich kümmern uns mittlerweile vor allem um die strategischen Entscheidungen, zum Beispiel jetzt um unser neues Workation-Hotel. Wir haben ein Gutshaus an der Mecklenburgischen Seenplatte renoviert, mit Yogaraum, Pool und Wellnessbereich. Dort sollen sich Menschen nicht nur zum Arbeiten treffen.

Das Coconat in Brandenburg wirbt schon seit 2014 mit »konzentriertem Arbeiten in der Natur«, und so gut wie jedes Hotel buhlt mittlerweile in der Nebensaison um Remote Worker. Kommen Sie damit nicht zu spät?
Wir haben schon 2011 ein Konzept für Arbeiten auf dem Lande für einen Brandenburger Ort erstellt, das allerdings nicht umgesetzt wurde. Und seit 2018 suchen wir nach passenden Orten im suburbanen Raum. Wir erleben doch gerade alle, dass sich die Arbeit überall hereindrängt. Im ICE, im Wellnesshotel, in Restaurants – überall begegnen wir heute arbeitenden Menschen. Diese Entgrenzung der Wissensarbeit hat viele positive Seiten, weil zum Beispiel das stressige Pendeln für viele nun wegfällt. Aber sie hat eben auch Schattenseiten. Die Arbeit ist immer auf dem Smartphone dabei. Und wenn das Büro nicht mehr das Büro und das Zuhause ein wenig das Büro geworden ist, dann muss es neue, dritte Orte geben.

Und dann kommt die Arbeit auch noch in den Urlaub mit. Das klingt nicht nach einer guten Entwicklung.
Für viele Menschen ist das ja jetzt schon der Fall. Auch ich mache im Urlaub ein bis zwei Calls am Tag. Das finde ich besser, als nach meiner Rückkehr hektisch alles aufarbeiten zu müssen. Absolute Auszeiten sind daneben auch wichtig. Entscheidend ist doch, dass wir unsere eigene Stopptaste finden. Das sehe ich als größte Herausforderung der nächsten Zeit. Wir werden eine neue Form der Selbststeuerung und Selbstfürsorge lernen müssen.

Dass jetzt immer mehr Städter*innen aufs Land drängen, finden auch nicht alle Einheimischen gut. Was sagen denn die Nachbarn des Gutshauses zu ihren Plänen?

Wir haben uns bemüht, die Menschen in Woldzegarten von Anfang an in die Planungen miteinzubeziehen. Und wir wurden sehr liebevoll und offen aufgenommen. Das Gutshaus war schon früher ein Hotel. Viele freuen sich, dass es nun wieder offen ist. Und wir stellen die Veranstaltungsräume auch für die lokale Community bereit.

Sie hatten auch mal Ferienwohnungen über dem Café am Rosenthaler Platz. Was ist denn daraus geworden?

Das war in der Anfangsphase, damals wollten wir ein Angebot für auswärtige Gäste unseres Cafés schaffen. Tatsächlich kamen dann aber eher typische Berlinbesucher. Unsere Cafégäste hätten lieber einzelne Zimmer gemietet, aber aufgrund der Bauart des Hauses konnten wir das nicht bieten. Und als dann die Gründer von Soundcloud, die damals zu unseren Stammgästen zählten und die Idee zur Firma auch bei uns im Café hatten, auf der Suche nach Räumen für ihre neuen Mitarbeitenden waren, haben wir die Wohnungen in Büros für sie umgewandelt. Mittlerweile managen wir 16 000 Quadratmeter Bürofläche.

Ist das Café dann nur noch Ihr Hobby?

Nein, das Café ist und bleibt der Kern der Marke. Aber Arbeitsplätze in Cafés anzubieten, ist kein Alleinstellungsmerkmal mehr. Die gibt es jetzt überall. Und wir sind sehr gut darin, besondere Orte zu finden, sie zu repositionieren und zu öffnen. In Babelsberg haben wir die alte Post wiederbelebt, in Berlin-Friedenau den Roxy Palast, ein altes Lichtspielhaus, in der Kastanienallee eine ehemalige Propellerfabrik. Und nicht zuletzt das alte Aschinger, in dem sich das Stammhaus am Rosenthaler Platz befindet. Das sind Orte, die sonst verfallen wären.

Den Coworking-Space in Babelsberg konnten Sie wegen des Lockdowns nicht wie geplant im Frühjahr 2020 eröffnen. Wie haben Sie diesen Rückschlag verkraftet?

Corona war insgesamt ein Schock für uns, und wir haben unternehmerisch gelitten. Unser ganzes Geschäftsmodell basiert ja darauf, Orte zu schaffen, an denen sich Menschen zufällig begegnen. Und genau diese zufälligen Begegnungen mussten plötzlich um jeden Preis vermieden werden. Es war nicht leicht, den Glauben zu behalten, dass dieses Leben wieder zurückkommen würde. Mit Events sind wir immer noch sehr vorsichtig, aber wir erleben, dass viele Menschen jetzt sehr hungrig sind auf Begegnungen. Als Unternehmensgruppe stehen wir jetzt deutlich besser da als vor Corona und sind im Wachstum begriffen.

Mit welcher Sparte machen Sie den meisten Umsatz?

Mit der Vermietung von flexiblen Büros mit Workshop- und Konferenzräumen. Da ist die Nachfrage sehr hoch, denn die klassische Firmenzentrale stirbt aus. Vergangene Woche war ich in den Bürohallen eines Konzerns in Berlin-Mitte, da war alles wie ausgestorben, obwohl es wieder eine Anwesenheitspflicht gibt an drei Tagen pro Woche. Niemand hält sich daran, und wer soll deshalb schon abgemahnt oder gekündigt werden? Wir haben Arbeitskräftemangel, da sind doch alle froh um jeden Angestellten.

Die Gastronomie leidet unter dem Arbeitskräftemangel besonders stark. Im St. Oberholz gab es zunächst nur Selbstbedienung. Dann haben Sie aber doch Kellner*innen eingestellt, weil zu viele Schnorrer kamen, die einen schönen Arbeitsplatz für lau haben wollten. Wie ist es jetzt?

Wir sind schon längst wieder zum Konzept der Selbstbedienung zurückgekehrt, und tatsächlich funktioniert es jetzt wieder wunderbar. Dass Gäste nach heißem Wasser für ihre Fünf-Minuten-Terrine fragen, ihren Döner mitbringen oder damit argumentieren, dass sie ja schon gestern einen Kaffee getrunken haben, kommt eigentlich nicht mehr vor. Ich denke, dass die Menschen heute eher verstehen, dass ein Café eben von Umsatz und nicht von den in ihm gegründeten Start-ups lebt.

Sie haben früher auch selbst viel geschrieben, unter anderem ein Fundbüro-Blog, in dem Sie über im Café liegen gelassene Gegenstände philosophiert haben.
Das ist vor vielen Jahren eingeschlafen. Nachdem wir die zweite Location eröffnet hatten, bin ich nicht mehr dazu gekommen. Ich habe vier Kinder, da bleibt wenig Zeit. Aber ich habe mir fest vorgenommen, das Fundbüro-Blog wieder aufleben zu lassen. Ich habe auch noch immer Fundstücke zu Hause, die niemand abgeholt hat, zum Beispiel ganze Kisten voller Notizbücher. Und es ist unglaublich, was nach Firmenmeetings so alles in den Konferenzräumen an den Wänden bleibt. Da sind die Flipcharts mit Firmeninterna vollgeschrieben, da würde so manche Compliance-Abteilung verzweifeln, wenn sie das wüsste.

Coworking in Freiburg

Containerweise Ideen

Zwischen bunten Überseecontainern ruft ein Plakat dazu auf, die »Allianz für das Auerhuhn« zu unterstützen. Ein anderes verspricht: »New Economy is calling!« Artenschutz und Digitalträume: Das passt in der alten Freiburger Lokhalle ebenso gut zusammen wie die teuren Designermöbel mit der Wand voller Secondhand-Briefkästen, die von der hier ansässigen Firmenvielfalt künden. Hier hat der Coworking-Anbieter Grünhof eine seiner drei Filialen und betreibt gemeinsam mit der städtischen Wirtschaftsförderung ein Innovations- und Gründerzentrum.

Die Lokhalle mit ihren bunten Containern ist die instagrammabelste Grünhof-Location. Der Ort vereint symbolträchtig Stillstand und Aufbruch: In den 1980ern wurde hier noch der Orient-Express restauriert, dann schlummerte das knapp 120 Jahre alte Industriedenkmal lange vor sich hin. Seit einigen Jahren ist wieder Leben in der Bude. Die 24 Container, umgebaut zu Büroräumen und einer Teeküche, verbunden durch Gänge und Treppen aus Metallgitter, locken Start-ups und Freelancer, Ökovisionäre und Techies. Sie mieten sich hier tageweise oder fest ein, holen sich Kaffee an der Infobar und versuchen in ihren Boxen outside the box zu denken. Ein Zwei-Personen-Container in der Lokhalle kostet rund 500 Euro im Monat.

Die Coworking-Branche stecke in der Krise, sagen die einen; ihr gehöre die Zukunft, behaupten die anderen. Und wer genauer hinschaut, merkt: Beides stimmt. »Der früher als Chance gehypte Drittort« spielte nach dem Ende der Pandemie »so gut wie keine

Rolle mehr«, bilanzierte das Wirtschaftsmagazin *Capital* Ende 2022: Die meisten Firmen hätten ihre Mitarbeiter*innen entweder zurück in die Zentralen geholt oder im Homeoffice gelassen. Das Geschäftsmodell Coworking sei riskanter als zunächst angenommen, gerade kleinere Anbieter müssten um ihre Existenz fürchten. Das Start-up Independesk, bekannt aus der Fernsehshow »Die Höhle der Löwen«, meldete gar Insolvenz an.

Wissenschaftler*innen, die im April 2022 im Auftrag des Bundesministeriums für Arbeit und Soziales einen Forschungsbericht zur »Bedeutung von Coworking-Spaces als dritter Arbeitsort in Deutschland« erstellt haben, kommen dennoch zu dem Fazit, »dass sich Coworking-Spaces auch für die Zielgruppe der abhängig Beschäftigten durchaus nachhaltig und kommerziell profitabel betreiben lassen«.

Die gemeinwohlorientierte Genossenschaft CoWorkLand, die Menschen bei der Gründung von Coworking-Spaces unterstützt und sich als Netzwerk und Buchungsplattform versteht, hat ihre Mitgliederzahl zwischen 2020 und 2022 von 30 Genossen auf mehr als 250 gesteigert. »In unserem Netzwerk können wir beobachten, dass die meisten Gründer nach eineinhalb Jahren gut über die Runden kommen«, sagt CoWorkLand-Mitgründer Ulrich Bähr (lesen Sie dazu auch das Interview auf Seite 57). »Aber es gibt kein allgemeingültiges Erfolgsrezept. Was an welchem Ort funktioniert, muss man erst herausfinden, das Konzept muss sich entwickeln.«

Martina Knittel, 41, eine der Grünhof-Gründerinnen, kann das bestätigen. »Uns geht es gut«, sagt sie. »Es ist wichtig, dass die Community selbst zu den Angeboten beiträgt. Sonst kommt man in ein reines Dienstleisterverhältnis, und das zerstört die Magie des Orts. Es ist ein schwieriger Spagat. Klar sind wir auch Dienstleister, aber wir sind eben auch eine Gemeinschaft. Unser Kern sind nicht die Schreibtische – unser Kern ist der Kontakt, ist das Gespräch.«

Vor mehr als zehn Jahren hatte sie ein neues Projekt gesucht, nachdem sie ein soziales Start-up mit aufgebaut hatte, das Bibliotheken in der Mongolei, Kambodscha und Sri Lanka bei der Grün-

dung und der Eigenfinanzierung half. Mit ihrem heutigen Mitge-
schäftsführer und Partner Hagen Krohn kam sie auf die Idee mit
dem Grünhof. »In Freiburg gab es einfach noch nichts, wo sich
Menschen wie wir treffen konnten. Zwar gab es schon vor zehn
Jahren die ersten Coworking-Spaces und Arbeitsnetzwerke – aber
dort haben uns die gemeinsamen Werte gefehlt.«

Eine kleine ehemalige Gaststätte, der Grünhof, wurde 2013 die
Keimzelle des Unternehmens. »Wir haben selbst renoviert und
Schreibtische reingestellt. Angefangen haben wir mit kleineren
Start-up-Programmen. Es ging um einen Ort des Machens: Leute
zusammenzubringen, die etwas tun, das die Welt nicht schlechter
und im Idealfall sogar besser macht.«

Am Anfang sei das Geschäftsmodell »ultraprekär« gewesen. »Coworking war vor zehn Jahren noch relativ neu, und wir haben jeden, der reinkam, ausführlich beraten, ohne Geld dafür zu nehmen. Es war dann natürlich sehr schwierig, davon zu leben.«

Vor allem Start-ups, die Nachhaltigkeit als Ziel haben, halfen sie
beim Start.

Diese Doppelorientierung sei zunächst schwer gewesen, sagt
Knittel. »Anfangs waren wir für die Ökos die bösen Kapitalisten
und für die harten Wirtschaftsleute die weichen Ökos, die sie als
Akteure nicht recht ernst genommen haben. Mittlerweile ist das
nicht mehr so. Aber wir haben eine Weile gebraucht, um dazu zu
stehen, dass wir selbst Geld verdienen wollen und auch anderen
dabei helfen, Geld zu verdienen, und trotzdem für unsere Werte
kämpfen und einstehen.«

Heute besteht der Grünhof aus zwei Teilen: Einer GmbH mit
Gewinnabsichten und einem gemeinnützigen Verein fürs Soziale.

Als der Shutdown in der Pandemie viele Coworking-Anbieter
beutelte, profitierte der Grünhof von dieser engen Bindung, sagt
Knittel: Einige zahlten einfach ihre Monatsmieten weiter, obwohl
sie das Angebot gar nicht nutzen konnten. Aber eine solche Bindung entstehe eben nicht automatisch.

Rund 600 Mitglieder hat der Grünhof mittlerweile, außer der Lokhalle und der alten Gaststätte gibt es noch eine edle Location im Freiburger Stadtzentrum. Auf insgesamt 3000 Quadratmetern finden sich fest vermietete Arbeitsplätze, tageweise mietbare Schreibtische, Gruppen- und Meetingräume, Veranstaltungsflächen und Gastronomie.

Die Tagestickets sind wichtig für das Konzept, weil so immer wieder neue Leute und Impulse kommen. Allerdings, das weiß auch Knittel, ist die Vernetzung, mit der so viele Coworking-Spaces werben, alles andere als ein Selbstläufer. »Die Menschen vernetzen sich nicht von allein. Du kannst nicht einfach Menschen in einen Ort schmeißen und dann entsteht da was. Wir haben, sobald wir uns das leisten konnten, einen Community-Manager eingestellt. Eine Person, die sich nur drum kümmert, dass die Menschen einander kennenlernen, dass Neues entsteht.« Das kann über niederschwellige Formate passieren, Frühstücke oder Feste, bis zu mehrmonatigen Entwicklungsprogrammen. Einmal im Monat gibt es eine große Versammlung, außerdem Workshops und Diskussionen.

Knittel beschreibt die steile Lernkurve, die die Gründer*innen nahmen, bis das Konzept trug. »Am Anfang haben wir erst mal alle reingelassen. Dann haben wir angefangen, Auswahlgespräche zu führen, und haben uns auch von einigen Leuten getrennt.

Uns ist grundsätzlich jeder willkommen. Ein Ort, der noch kein Gesicht hat, zieht viele Suchende an. Und es fällt uns sehr schwer, jemandem zu sagen: Du passt hier nicht rein. Wir haben da zum Teil sehr gehadert. Mittlerweile reguliert sich das selbst, weil auch wir klarer geworden sind. Wir haben einen detaillierten Fragebogen und ein eigenes Intranet. Wer will, kann sich dort vorstellen.«

Vor einer der Konstanten gemeinschaftlichen Arbeitslebens ist aber auch ein »communitybasierter Coworking-Space« nicht gefeit: Je mehr Menschen zusammenkommen, desto weniger Verantwortung spürt die einzelne Person. Davon kündet ein Zettel in der Teeküche der Lokhalle: »Die Küche ist Chaos?«, fragt er. Die Lösung: Man soll ein Foto vom Chaos machen, selbst aufräumen und danach den »glänzenden Zustand« ablichten. Mit den Vorher-nachher-Bildern bekommt man dann an der Infobar einen Gratiskaffee. Eine hübsche Idee, die aber leider selten funktioniert.

Der Fachkräftemangel ist einer der wesentlichen Treiber für den Coworking-Markt. »Wir haben mittlerweile auch mehr Firmenkunden. Etliche Schweizer Unternehmen brauchen Fachkräfte – und die Macht der Mitarbeitenden ist größer geworden, sich den Arbeitsort auszusuchen. Wir haben also etliche, die von hier aus für Schweizer Firmen arbeiten. Oder für Firmen, die irgendwo im Schwarzwald sitzen. Diese Leute haben gemerkt, dass ihnen so ganz allein im Homeoffice auch etwas fehlt, dass sie sich mehr Struktur wünschen.«

Knittel glaubt, dass der Arbeitsort »so ein bisschen das alte Dorf ersetzt«: »Das hat viel mit Identität zu tun und mit Heimatgefühl. Jemand, der hier hinkommt, weiß, dass hier bestimmte Menschen sind, dass bestimmte Werte gelten. Das kann man auch kritisch betrachten, weil es natürlich auch eine Blase ist, die sehr stark auf sich selbst bezogen sein kann. Aber gerade für Leute, die viel reisen, ist der Grünhof ein Anker.«

Marius Kanzinger, 31 Jahre alt, könnte als Prototyp des neuen hypermobilen Arbeitnehmers durchgehen. Der selbstständige Unternehmensberater arbeitet außerdem an einem Corporate Start-up mit. »Da geht es um berufliche Auszeiten wie Workation und Sabbatical – und das macht superviel Spaß, auch weil da so viel Tempo drin ist.« Er glaubt: »Die Flexibilisierung der Arbeitswelt ist nicht mehr aufzuhalten. Ich merke es gerade selbst, weil ich dabei bin, für unser Corporate Start-up ein neues Team zusammenzustellen. Menschen wollen selbst aussuchen können, wo sie arbeiten – das kann auch bedeuten, dass sie dann trotzdem feste Zeiten und einen festen Ort wählen.«

Kanzinger hat viele Arbeitsorte. »Mal von zu Hause aus, in den

Büros meines Arbeitgebers, aber auch sehr gern im Coworking-Space oder in einem Café. Ich bin gern unterwegs, verbinde Reisen auch ins Ausland mit Arbeit, besuche Freunde und suche mir dann vor Ort oft einen Coworking-Space zum Arbeiten.« Beim Grünhof hat er ein Viertel-Abo, sodass er 25 Prozent seiner Arbeitszeit dort verbringen kann. »Ich kenne das Konzept schon seit der Gründung. In Freiburg weiß man: Wenn man sich beruflich in Richtung Start-ups orientieren möchte, kann man sich an die Leute vom Grünhof wenden. Die wissen, welche Unternehmen gerade am Entstehen sind. Und wenn ich den Kopf frei bekommen möchte, fahre ich auf den Lorettoberg – da gibt es eine tolle große Wiese, ich schalte meinen Hotspot zum Arbeiten ein und genieße den schönen Blick über die Stadt. Und ein guter Freund von mir hat ein abgelegenes Häuschen im Schwarzwald mit Glasfaseranschluss, von wo aus ich auch gut arbeiten kann.«

Er sieht die Arbeit im Coworking-Space als »schönes Zusammenspiel von Anonymität und ständig neuen Begegnungen«. Es sei inspirierend, nicht nur im eigenen Unternehmen zu arbeiten, sondern zwischendurch neuen Input aus anderen Firmen zu bekommen. Womöglich gibt es für ihn bald noch eine Möglichkeit, urbane Vernetzung und die Sehnsucht nach Natur zu verbinden. Die Grünhof-Macher denken in Richtung Land. »Wir sind noch in der Diskussion, aber im Grunde wäre der nächste logische Schritt aus der Stadt raus«, erzählt Martina Knittel, »in den Schwarzwald etwa, sodass man mit dem Team auf eine Hütte fahren kann.«

Organisation

Das Unerwartete planen

Der niederländische Architekt Aat Vos vom Büro includi hat sich als Spezialist für Bibliotheksdesign einen Namen gemacht – und ist Experte für die Schaffung »Dritter Orte«, die neben dem Zuhause und dem Arbeitsplatz die soziale Infrastruktur von Gemeinschaften verbessern helfen und Kreativität und Gemeinsinn unterstützen.

Er lebt das, was er predigt: Das Interview führen wir per Videoschalte – und Aat Vos sitzt in wetterfester, blau-roter Jacke vor einem Café auf der westfriesischen Insel Schiermonnikoog. Auf das kleine Eiland im Wattenmeer haben der Architekt und sein Team sich für eine Woche zur gemeinsamen »Workation« zurückgezogen, um an neuen Projekten zu arbeiten.

Herr Vos, im Homeoffice vereinsamen die Menschen, vom Pendeln und im Büro sind sie gestresst. Haben Sie eine Lösung anzubieten?

Wir brauchen eine andere Art und Weise, wie wir zusammenkommen können. In der Coronazeit haben viele erstmals die Freiheit kennengelernt, nicht mehr ins Büro zu müssen. Und dann haben wir gelernt: Die Sozialkontakte fehlen, die zufälligen Begegnungen. Das ist ein ganz großer Teil unseres Arbeitsglücks! Wenn die Büros verwaisen, weil die Menschen lieber zu Hause bleiben, ist das ein Problem. Wir müssen uns fragen: Was genau haben wir vermisst? Und wie können wir besser für unsere Bedürfnisse sorgen?

Wir brauchen vor allem zwei Dinge: Niedrigschwelligkeit und Informalität. Beides wird durch die Räume definiert, in denen wir uns aufhalten. Das klassische Büro kann das nicht leisten, weil es zu sehr auf Funktionen eingeschränkt ist. Unsere Arbeitswelt muss vom Sozialen her gedacht werden.

Viele Unternehmen haben genau das ja versucht, indem sie sich einen schicken Campus gebaut haben, mit Tischkickern und Lounges.
Das reicht nicht aus. Ein Ort allein kann nie eine Motivation sein. Aber die Menschen an einem Ort können eine Motivation sein. Und wenn ein Ort schön ist, wenn er Erlebnisse bietet, kann er mithelfen, die Menschen zusammenzubringen. Dafür müssen sie sich willkommen fühlen.

Wie kann das gelingen?
Mitarbeiter müssen sich eine eigene Umgebung schaffen können. Sie müssen fühlen: Hier ist ein Ort, über den ich mitbestimmen kann, der meine Bedürfnisse berücksichtigt.

In klassischen Büros hatte jede*r seinen Schreibtisch und stellte dort ein paar Familienbilder auf und vielleicht eine eigene Pflanze. Jetzt gibt es in vielen Firmen keine festen Plätze mehr. Mit der Clean-Desk-Policy geht vielleicht auch gefühlte Heimat verloren.
Das muss kein Problem sein. Familienbilder haben wir jetzt eben zu Hause. Wichtiger ist der Zusammenhalt im Team. Denn es ist ja so: Wenn wir als Menschen zusammen sind, dann bekommen wir automatisch Verantwortung füreinander. Das ist mehr eine soziale Anforderung als eine Arbeitsanforderung. Es betrifft uns als Gemeinschaft. Damit dieses Gefühl entsteht, müssen wir physisch zusammen sein. Und benötigen Orte, die uns ein gutes Zusammensein ermöglichen. Eine inspirierende Bürolandschaft kann da-

bei eine Rolle spielen, aber sie darf nicht zu sehr vorgefertigt sein. Wenn die Menschen darin nicht die Freiheit fühlen, sie so zu benutzen, wie sie sie brauchen, dann ist niemandem geholfen.

Was sind die wichtigsten Komponenten?
Eine Wohlfühlatmosphäre! Niedrigschwellige Ungezwungenheit. Gemütlichkeit galt in der Ausbildung von Architekten und Innenarchitekten lange eher als Schimpfwort: Räume, in denen gearbeitet wurde, sollten clean aussehen, eher Bauhaus als Kneipe, sehr geordnet, sehr glatt. In solchen Räumen entsteht wenig an Miteinander. Wir brauchen Räume, die überraschen können, in denen nicht alles perfekt organisiert ist, in denen das Unerwartete passieren kann. Es klingt paradox, das Unerwartete zu planen. Aber es geht darum, Freiraum für Möglichkeiten zu lassen. Serendipity ist ein Prinzip, das in der Arbeitswelt genauso wichtig ist wie im privaten Leben: die zufällige Entdeckung, der glückliche Zufall. Der braucht aber Räume, in denen er sich verfangen kann.

Wie wichtig sind Orte jenseits von Büro und Homeoffice für ein gelingendes Arbeitsleben?
Sehr wichtig. Für ein gelingendes Leben insgesamt. Schon die Römer hatten Badehäuser, und auch dort mischten sich Arbeits- und privates Leben. Soziale Vernetzung, wie sie an diesen dritten Orten stattfinden kann, macht das Leben lebenswert und führt, das ist nachgewiesen, auch zu besserer Gesundheit. Niedrigschwelliger Austausch ist entscheidend dafür, wie wohl wir uns fühlen. Dafür brauchen wir Plätze, die dazu einladen. Bibliotheken etwa, Cafés, Treffpunkte, öffentliche Plätze, wie Freizeitheime in Hannover seit den Sechzigerjahren. Informelle Umgebungen, die die Menschen sich so zu eigen machen können, wie es ihren Bedürfnissen entspricht.

Wenn ich mich zum Arbeiten in eine öffentliche Bibliothek setze, ist das dann eine sachgerechte Nutzung – oder bin ich eine Art Nutznießerin von etwas, das eigentlich zu anderen Zwecken gedacht ist?

Es ist völlig in Ordnung, dort zu arbeiten, aber wer diese Art von Sozialkapital nutzt, sollte auch etwas einzahlen – sei es finanziell oder indem er oder sie sich anders dort einbringt. Wir haben eine Bücherei gestaltet, dort arbeitet ab und zu ein Steuerberater – und er steht eine Stunde in der Woche dort für Fragen zur Verfügung. Arbeit und Leben in der Gemeinschaft wachsen immer mehr zusammen, genau wie Arbeit und Leben generell. Wer in Kontakt ist, weiß, was die anderen brauchen. Firmen, die das begreifen, öffnen sich auch mehr nach außen, bieten Mahlzeiten und Begegnungsräume auch für Externe. Ich bin sicher, dass diese Art von Austausch unsere Gesellschaft gesünder macht, besonders mental. Das ist natürlich auch ein politisches Thema.

Etlichen Unternehmen dürfte das zu weit gehen.

Es geht darum, erst einmal wahrzunehmen: Wir haben eine gestalterische Verantwortlichkeit. Es tut der Gemeinschaft nicht gut, wenn sich ein Unternehmen mit einem großen Büroturm in der Stadt breitmacht und die Umgebung ignoriert. Für die Kommunen ist auch die räumliche Einbindung der Firmen vor Ort wichtig, damit das Leben angenehm bleibt. In der Vergangenheit haben wir städtische Räume viel zu spezialisiert gedacht – wir brauchen aber einen ganzheitlichen Ansatz, der lebenswerte Räume schafft. Wir sollten dafür sorgen, dass die Welt besser wird. Das ist eine Verantwortung, die wir nicht ernst genug nehmen können.

Topmanagerin eröffnet New Work Café

»Die Zeit der Einpeitscher ist vorbei«

Ihr Jetset-Leben endete in einem Hotelzimmer in Großbritannien. Die erste Welle der Coronapandemie raste gerade über Europa, und Senay Tansu, 52, hatte es erwischt. Auf Dienstreise. Hustend und fiebernd lag sie allein in diesem Hotelzimmer, ihre Familie Hunderte Kilometer weit weg, und fragte sich: »Was mache ich hier eigentlich?

Es gab Tage, an denen hatte ich Meetings in drei Ländern. Morgens in Wien, mittags in Kopenhagen, abends irgendwo in Deutschland«, sagt Tansu. »Ich habe das gar nicht hinterfragt. Die Karriere hat mich einfach immer weitergetrieben.«

Ihre ersten Erfolge als Managerin hatte sie vor 20 Jahren bei dem spanischen Textilunternehmen Inditex, zu dem auch die Modekette Zara gehört. Unter ihrem Management wurde die erste Zara-Filiale in Deutschland eröffnet. Mittlerweile gibt es rund 2500 Filialen in 95 Ländern. Für den Kaffeeröster Tchibo baute sie das Geschäft in der Türkei erfolgreich aus und wurde zur Geschäftsführerin der Non-Food-Sparte. Danach folgten Chefpositionen bei einem schwedischen Bettenhersteller und einer Marketingberatungsagentur mit Hauptsitz in Amsterdam.

Sie jettete zwischen Europas Hauptstädten umher, den Laptop ständig dabei. »Coffeeshops, Flughafenlounges, das waren meine Arbeitsplätze.«

Sie erzählt das an einem Mittwochmorgen in Hamburg, in ihrem

»New Work Café«, das erst in drei Wochen offiziell eröffnen wird, in dem aber schon jetzt ein halbes Dutzend Gäste sitzen und nicht wissen, dass sie gerade Teil eines Experiments sind. Tansu will testen, ob alle Abläufe funktionieren. »Soft Opening« nennt man dieses phasenweise Öffnen im Management-Sprech.

Aus Tansu, der Topmanagerin, ist eine Gründerin geworden – ausgerechnet in der Gastronomie, der Branche, die derzeit am wenigsten lukrativ erscheint.

In ganz Deutschland werden Speisekarten eingedampft und Öffnungszeiten gekürzt, weil Baristas, Köch*innen oder Kellner*innen fehlen. Wie kommt man da auf die Idee, ein Café zu eröffnen?

»Weil es so ein Café in Deutschland noch nicht gibt«, ist Tansus Antwort.

Sie ist sich sicher, mit ihrem Konzept eine Marktlücke zu schließen. Denn sie hat einen Ort geschaffen, der das vereinen soll, was sie all die Jahre vermisst hat: eine Mischung aus Café und Coworking-Space, mit gesundem Essen, ergonomischen und flexiblen Arbeitsplätzen, schnellem WLAN – und transparenten Rechnungen, die sich von der Steuer absetzen lassen.

»Ich musste wegen unklarer Rechnungen schon so viele entwürdigende Gespräche mit den Kollegen aus dem Rechnungswesen führen. Aber ich kann mich doch nicht in ein Café setzen und dann nichts konsumieren.«

In ihrem Café schon.

Es ist sowohl für Menschen gedacht, die nur einen Kaffee trinken oder ein Stück Kuchen essen wollen, als auch für Menschen, die auf der Suche nach einem Arbeitsplatz oder einem Meetingraum sind. Kaffeetrinker*innen und Kuchenesser*innen werden nach einer Stunde aus dem WLAN gekickt. Wer dann noch weitersurfen will, muss mit dem Personal reden – oder besser gleich ein Tages- oder Halbtagesticket kaufen. Der Clou: Im Tagesticket für 35 Euro und im Halbtagesticket für 25 Euro sind jeweils 14 Euro für Essen und Getränke inkludiert.

Das Preismodell hat Tansu mit einem Team aus Steuerberatern entwickelt. Vierzehn Euro beträgt die steuerlich absetzbare Verpflegungspauschale. Die Rechnung gibt es online, mit Weiterleitungsfunktion zur Firma. Und wer will, kann vorab ein Kontingent an Tagestickets für seine Mitarbeitenden kaufen.

Im Vergleich mit anderen Coworking-Spaces in Hamburg, die Tagespässe anbieten, bewegt sich Tansu damit im Spitzenfeld: Im Betahaus kostet ein Tagesticket 19 Euro, im Places 20 Euro, in der Diele 16 Euro. Dafür wird man dort allerdings nicht am Platz bedient.

Weil es Tansu selbst auf Dienstreisen immer genervt hat, wenn ständig Kellner nach weiteren Wünschen gefragt haben, kann in ihrem Café kontaktlos per Smartphone bestellt werden. Der Kellner oder die Kellnerin bringt die Bestellung dann an den Tisch.

Fast alle Tische haben eigene Steckdosen, viele auch eine abschließbare, schmale Schublade. Ein weiteres Detail, das auf Tansus persönliche Erfahrung zurückgeht:»Meinen Laptop stehen zu lassen, während ich auf Toilette bin, war mir immer zu unsicher.«

Wer einen Spaziergang machen will, kann sich einen Schlüssel für ein größeres Schließfach geben lassen. Ladekabel und Notizbücher gibt es zu kaufen. Und wer Ruhe sucht, kann sich in eine von drei schallisolierten Kabinen zurückziehen oder sogar ein kleines Podcast-Studio mieten.

Tansu scheint jedes Detail bedacht zu haben.

Sie ist von dem Erfolg ihres Konzepts so überzeugt, dass sie sogar schon Pläne für ein Franchise-System in der Schublade hat. Und dabei schwebt ihr nicht nur eine weitere Filiale in Frankfurt am Main oder München vor. Sie denkt an ganz Europa.

»Ich weiß nicht, wie lange es dauern wird, aber ich bin sicher, dass wir uns durchsetzen«, sagt sie mit einem Selbstbewusstsein, wie es vielleicht nur Topmanagerinnen mitbringen.

Eineinhalb Jahre habe sie in die Planung des Cafés gesteckt, sagt sie, zusammen mit ihren Mitgründern. Es sind ebenfalls Topmanager. Der eine kommt aus der Immobilienbranche, der andere arbeitet für Tchibo, ihren alten Arbeitgeber.

Sie haben sich den Markt genau angeschaut, sagt Tansu und referiert: Schon jetzt arbeiten mehr als 20 Prozent der Berufstätigen im Homeoffice, bis 2050 könnten es 50 bis 60 Prozent sein. Dass Arbeiten fern der Firmenzentralen gelingen kann, steht seit der Coronapandemie außer Frage. Aber das Homeoffice hat auch Defizite: Heimarbeiter*innen klagen über Vereinsamung, Rückenschmerzen, fehlende Rückzugsorte. Und genau hier möchte sie mit ihrem »New Work Café« ansetzen. »Wir sind ein Third Place«, sagt sie. Ein dritter Arbeitsort. »Wir wollen Teil der Zukunft sein.«

Sie sagt oft solche Sätze, kurze, wohlklingende Einzeiler. Man kann sie sich gut auf großer Bühne vorstellen, als Keynote-Speakerin.

»Ich will weg von diesem Fünfjahresdenken«, sagt sie. »Wer weiß schon, was in fünf Jahren ist? Viel wichtiger ist es doch, einen Schritt nach dem anderen zu machen.«

Aber natürlich hat auch sie einen Businessplan.

Wie viel Geld sie in ihr Café investiert hat, will sie nicht verraten. Dass es eine stattliche Summe ist, lässt sich erahnen.

Ihr General Manager, der für das operative Geschäft zuständig sein wird, war früher bei Tchibo ihr Kollege. Andreas Fock hat mehr als 20 Jahre für den Kaffeeröster gearbeitet, zuletzt war er dort für den Textilbereich verantwortlich. Ihn von dem neuen Job zu überzeugen, sei nicht besonders schwierig gewesen, sagt Tansu. Und Fock, der ihr gegenüber an ihrem Lieblingsplatz gleich hinter dem Eingang Platz genommen hat, nickt und lacht. »Ich war auf der Suche nach etwas Neuem. Das hier hat genau gepasst. Hier können wir alles selbst gestalten, das ist großartig.«

Die beiden unterhalten sich oft zweisprachig. Tansu sagt etwas auf Englisch, Fock antwortet auf Deutsch. So haben sie es auch schon damals bei Tchibo gemacht, erzählen sie.

Tansu kann sich sehr gut auf Deutsch verständigen. Deutlich sicherer fühle sie sich aber im Englischen, sagt sie. Es ist die Sprache, mit der sie Karriere gemacht hat.

Ihre Muttersprache ist Türkisch. Der türkische Ableger des Wirtschaftsmagazins *Forbes* zählte sie von 2013 an drei Jahre in Folge zu den 50 einflussreichsten Businessfrauen der Türkei. Die Expansion der Modekette Zara führte sie Anfang der Nullerjahre nach Hamburg – und sie blieb: »Ich habe mich sofort in die Stadt verliebt.« Deshalb sei es für sie auch nicht infrage gekommen, ihr erstes Café woanders zu eröffnen.

Vier Wochen lang haben Fock und Tansu ihre sechs Servicekräfte vor dem Soft Opening des Cafés schulen lassen. Das Barista-Training hat Tansu selbst mitgemacht. »Ich war mal Barista, aber über die Jahre hatte ich alles vergessen. Als Managerin verliert man leicht die Bezüge zur echten Welt.« Jetzt habe sie die Kunst des Kaffeemachens wieder drauf, sagt sie.

Nettsein als Alleinstellungsmerkmal

Hat sie keine Angst, dass ihnen die mühsam trainierten Mitarbeiter*innen rasch wieder abhandenkommen?

»Nein«, sagt Tansu. »Wir zahlen gute Löhne, aber wir behandeln vor allem alle fair und menschlich. Wenn man sich in der Branche anschaut, wie schlecht mit vielen Mitarbeitenden umgegangen wird, ist das ein echtes Alleinstellungsmerkmal.«

Offen gibt sie zu, dass es ihr selbst manchmal noch schwerfällt, den Impuls zu unterdrücken, die Chefin heraushängen zu lassen. Als sie neulich ins Café kam, saß einer der Kellner ganz entspannt an einem Tisch am Eingang mit einer Tasse Kaffee vor sich, erzählt sie. Spontan habe sie ihn hinter den Tresen schicken wollen, sich dann aber besonnen und erst mal Rücksprache mit Andreas Fock gehalten: »Und dann waren wir uns rasch einig: Soll er doch ruhig eine Pause machen und seinen Kaffee trinken. Die Zeit der Einpeitscher ist vorbei.«

Krank von zu viel Fast Food

Eine erste Zerreißprobe für die Zusammenarbeit von Senay Tansu und Andreas Fock war die Speisekarte.

Senay Tansu liegt diese besonders am Herzen. »Ich habe jahrelang immer das gegessen, was es unterwegs gerade gab«, sagt sie. »Das hat mich krank gemacht.« Dass sie heute an Typ-2-Diabetes leidet, führt sie auf das viele Fast Food zurück, das sie früher gegessen hat.

Bei der Zusammenstellung der Speisekarte ihres Cafés hat sie sich deshalb Hilfe von einer Ernährungsberaterin geholt, die alle Speisen nach eigenen Rezepten zusammengestellt hat. Am liebsten würde sie Kalorienbomben wie Croissants oder Franzbrötchen in ihrem Café gar nicht anbieten.

»In einem Café erwarten die Leute Croissants«, sagt Andreas Fock. »Und in Hamburg gehören Franzbrötchen einfach dazu.«

Ein Jahr habe die Suche nach dem für sie perfekten Kompromiss gedauert, erzählt Tansu. »Es gibt keine gesunden Croissants, aber das, was wir jetzt anbieten, ist wenigstens aus Vollkornmehl und hat wenig Zucker.« Auch die Kuchen sind zuckerreduziert, zubereitet werden die meisten von den Mitarbeitenden vor Ort nach Rezepten der Ernährungsberaterin.

Bei der Avocado war sie diejenige, die nicht mitmachen wollte: gesund ja, nachhaltig nein. Avocado-Plantagen sind ähnlich zerstörerisch für die Umwelt wie Legebatterien von Hühnern. Um Avocados wachsen zu lassen, wird in Herkunftsländern wie Chile oder Mexiko eine wahnsinnige Menge Wasser verbraucht. Hinzu kommt noch der Energiebedarf für den Transport. Im »New Work Café« gibt es jetzt stattdessen einen Dip aus Spinat und Artischocke.

Werden die Kund*innen das zu schätzen wissen?

»Ich weiß es nicht«, sagt Tansu und fügt dann hinzu: »Das ist ein Satz, den ich erst lernen musste.«

Coworking-Space im Industriegebiet

Ein Bälleparadies für große Kinder

Frank Höhne ist Gründer von »Office & Friends«. Im Protokoll erzählt der Agenturchef, wie er zum Coworking-Space-Betreiber wurde.

»Ich wohne und lebe gern in Iserlohn. Aber als Kreativstandort ist das Sauerland so unattraktiv, dass viele Headhunter*innen gleich von vornherein abwinken, wenn man sie hier für die Personalsuche engagieren will. Als ich für meine Kommunikationsagentur Designer*innen und Entwickler*innen brauchte, hatte ich mir schon gedacht, dass die Suche schwierig werden könnte, aber es war wirklich eine Vollkatastrophe. Zwei Jahre lang habe ich niemanden gefunden.

Dann kam uns die Idee mit dem Coworking-Space. Ein Büro hatten wir schon, wir mussten nur die Türen öffnen. Wir hatten die Hoffnung, dass sich dadurch neue Kontakte ergeben und wir auf diese Art doch noch Mitarbeiter*innen finden würden. Fünf Jahre ist das jetzt her. Damals konnte hier in der Region mit dem Konzept Coworking kaum jemand etwas anfangen. Wir wurden belächelt: Macht ihr jetzt ein Bälle-Paradies für große Kinder auf?

Tatsächlich haben sich die von uns angebotenen Arbeitsplätze erstaunlich schnell gefüllt. Allerdings nicht mit Freiberufler*innen, die wir hätten engagieren können. Diese Hoffnung hat sich nicht erfüllt. Aber aus der Idee des Coworkings ist ein zweites Standbein geworden.

Denn nach und nach haben immer mehr Firmen aus der Region bei uns Arbeitsplätze für ihre Mitarbeiter*innen gebucht. Schritt für Schritt bauten wir aus – bis wir in unserem eigenen Büro kaum noch Platz hatten. Die Nachfrage war so hoch, dass wir schließlich eine tausend Quadratmeter große Halle hier im Industriegebiet in einen großen Coworking-Space verwandelt haben – mit einem kleinen Holzhüttendorf in der Mitte.

Dieses ›Kuhdorf‹, wie wir es nennen, besteht aus fünf kleinen, zweistöckigen Holzhäusern mit Platz für zwei bis drei Arbeitsplätze. Es sind klassische Tiny Houses, die wir jederzeit auch woanders aufstellen könnten. Sie sind komplett ausgebucht. Und Fluktuation haben wir so gut wie keine.

Mittlerweile kommen rund 100 Menschen regelmäßig zum Arbeiten in unseren Coworking-Space, und wir haben eine so lange Warteliste, dass wir überlegen, uns noch weiter zu vergrößern.

Firmenchefs, die uns vor drei, vier Jahren noch belächelt haben, kommen nun an und fragen nach Arbeitsplätzen für ihre Mitarbeiter*innen. Viele Mittelständler merken jetzt, dass sie nicht einfach so weitermachen können wie vor der Coronapandemie. Vor allem Pendler*innen müssen sie nun etwas anbieten, um sie zu halten. Und da kommen wir ins Spiel. Corona hat die Entwicklung hin zum mobilen Arbeiten um zehn Jahre beschleunigt.

Tagesgäste haben wir eher selten, höchstens ein- oder zweimal im Monat. Start-up-Gründer*innen und Freelancer*innen, die in Städten die klassische Zielgruppe von Coworking-Spaces sind, findet man bei uns zwar auch, aber eher wenige. Das ändert sich nur in der Weihnachtszeit – da kommen dann Menschen aus der ganzen Welt kurzfristig zum Arbeiten vorbei, wenn sie im Sauerland auf Familienbesuch sind.

Bei unseren Firmenkunden sind vor allem kleinere Büros beliebt, die sie für ihre Mitarbeiter*innen buchen. Wenn da neue Leute kommen, sage ich immer: Die müssen erst mal in die Auftau-Box. Denn üblicherweise sehen die ersten drei, vier Wochen so aus, dass sie reinkommen, sich an ihren Schreibtisch setzen und nach der Arbeit schnell wieder weg sind. Aber das ändert sich rasch. Dann wechseln sie zwischen den Arbeitsplätzen, setzen sich beispielsweise zum Lesen ins Kaminzimmer oder kommen zum Plausch in die Küche.

Wir sehen unseren Coworking-Space als Kosmos für Ideen, wir wollen, dass die Menschen sich austauschen und netzwerken. Deshalb haben wir Community-Manager*innen engagiert, die aktiv auf die Leute zugehen und sie einladen zu unseren Veranstaltungen. Wir organisieren Events, Workshops oder Diskussionsrunden zu verschiedenen Themen.

Die Menschen hier sind sehr wissbegierig, alles, was mit Weiterbildung zu tun hat, ist besonders beliebt – aber auch unsere Grillabende. Mittags schließen sich oft alle zusammen und bestellen Essen bei einem Lieferdienst. Es gibt gemeinsames Rückentraining oder Lauftrainings, wir sind eine große Gemeinschaft.

Als Geschäftsmodell ist ein Coworking-Space auf dem Land schwierig, viel Geld lässt sich damit nicht verdienen. Dazu sind Miete und Personalkosten zu hoch. Man muss es schon lieben und wollen. Aber mir ist es dieser Kosmos der Ideen wert. Aus Diskussionen in unserer Kaffeeküche sind schon neue Unternehmen entstanden!

Wir haben bereits Pläne für einen neuen Standort. Da soll es dann auch ein Café und ein Fitnessstudio geben – und eine integrierte Kita.«

Selbsttest

»Welcher Arbeitsort passt zu mir?«

Haben Sie selbst Lust bekommen, an einem anderen Ort oder anderen Orten als bisher zu arbeiten? Julia Scharnhorst, Psychologin und Unternehmensberaterin im Bereich Gesundheitsmanagement, hat gemeinsam mit der Autorin Anne Otto mehrere Checklisten entwickelt, mit denen Sie ganz leicht überprüfen können, welche Plätze und Projekte zu Ihren Fähigkeiten, Bedürfnissen und Lebensumständen passen.

Aufgabe: Beantworten Sie die Aussagen in den folgenden Checks mit »Ja« oder »Nein«. Wenn Sie sich nicht sicher sind, wählen Sie die Antwort, die eher passt. Zählen Sie anschließend alle »Ja«-Antworten zusammen und notieren Sie die Zahl im Extrakästchen. Die Auflösungen finden Sie ab Seite 216.

Check eins:

Summe: | Ja | Nein

	Ja	Nein
Wenn ich morgens mal keine Lust habe aufzustehen, motiviert mich der Gedanke an unser nettes Team.	Ja	Nein
Meine Pausen verbringe ich gern mit meinen Kollegen und Kolleginnen.	Ja	Nein
Wenn ich mehrere Tage alleine arbeite, fällt mir schnell die Decke auf den Kopf.	Ja	Nein
Ich genieße es, dass wir bei der Arbeit gemeinsam Lösungen entwickeln, zusammen etwas erarbeiten.	Ja	Nein
Während der Pandemie habe ich es am allermeisten vermisst, mich regelmäßig mit anderen auszutauschen.	Ja	Nein

Check zwei:

Summe: | Ja | Nein

	Ja	Nein
Ich fühle mich körperlich und seelisch halbwegs stabil.	Ja	Nein
Ich habe keine eigene Familie/keine Kinder, die bei mir wohnen.	Ja	Nein
Im Berufsleben bin ich bereits seit einigen Jahren angekommen.	Ja	Nein
Es gibt in meinem Leben kaum soziale Verpflichtungen wie kranke Angehörige, Ehrenamt, andere Menschen, die auf mich angewiesen sind.	Ja	Nein
Ich bin reiselustig/weitgereist und nicht einer bestimmten Region/Stadt verbunden.	Ja	Nein

Check drei:

Summe: [Ja] [Nein]

	Ja	Nein
Die Nine-to-five-Büroarbeit langweilt mich, ich würde gern mehr Abwechslung im Joballtag erleben.	Ja	Nein
Wenn ich Ferien mache, will ich immer andere Länder sehen, die Schönheiten der Welt entdecken.	Ja	Nein
Meine Freunde sagen, dass ich abenteuerlustig/neugierig bin.	Ja	Nein
Ich lerne schnell neue Leute kennen.	Ja	Nein
Technisch bin ich flexibel und versiert und kann mir meinen Arbeitsplatz überall gut einrichten.	Ja	Nein

Check vier:

Summe: [Ja] [Nein]

	Ja	Nein
Ich kann nach Arbeitsende meistens gut abschalten und meine Freizeit genießen.	Ja	Nein
Wenn ich belastet bin, merke ich das meistens und mache dann eine Pause.	Ja	Nein
Mir ist klar, dass Gelassenheit bei der Arbeit nicht allein durch einen Ortswechsel entsteht.	Ja	Nein
Meine Interessen, Hobbys und Beziehungen sind mir wichtig - in meinem Alltag nehme ich mir dafür bewusst Zeit.	Ja	Nein
Ich kann meine Arbeitszeit gut einhalten und mich abgrenzen.	Ja	Nein

Check fünf:

Summe: [Ja] [Nein]

Ich lasse mich von äußeren Umständen leicht ablenken und von meinem Tagesplan abbringen.	Ja	Nein
Eigenständig eine Woche zu strukturieren, ohne Meetings, Feedback und Teamrituale, fällt mir ziemlich schwer.	Ja	Nein
Ich bin lärmempfindlich und leide häufiger darunter.	Ja	Nein
Projekte zeitlich realistisch planen, Ziele klar formulieren und rasch erreichen – das können andere besser als ich.	Ja	Nein
Ich arbeite abseits gewohnter Arbeitsumgebungen eher fahriger und langsamer.	Ja	Nein

Check sechs:

Summe: [Ja] [Nein]

Ich will mich im Job weiterentwickeln, habe mittelfristig feste berufliche Ziele.	Ja	Nein
Manchmal suche ich bewusst nach Orientierung bei Kollegen und Kolleginnen mit mehr Erfahrung, will mal etwas abgucken.	Ja	Nein
Die Zugehörigkeit zu einem Unternehmen oder zu einem Arbeitsteam ist mir wichtig.	Ja	Nein
Meine beruflichen Netzwerke möchte ich noch stärker ausbauen.	Ja	Nein
Ich arbeite in einem Bereich, in dem es wichtig ist, mit anderen regelmäßig zu brainstormen und sich fachlich auszutauschen.	Ja	Nein

Auflösung

Check eins: Nähe versus Distanz

Sie haben auf dieser Liste dreimal oder häufiger »Ja« angekreuzt? Dann sind Sie wahrscheinlich ein Teammensch, schätzen die Nähe zu anderen. In der flexibilisierten Arbeitswelt ist Ihre kommunikative Haltung sicher oft von Vorteil. Räumlichen Freiheiten stehen Sie dagegen ambivalent gegenüber: Einerseits zieht es Sie vielleicht zu neuen Arbeitsorten und Arbeitsarten, andererseits genießen Sie die Beziehungen, die Sie im Jobumfeld aufgebaut haben, werden durch den Kontakt mit anderen motiviert. Falls Sie dazu gerade im Stillen nicken, könnten Sie darüber nachdenken, wie Sie auch an einem vorübergehenden anderen Arbeitsort Ihr Bedürfnis nach Nähe und Austausch stillen. Vielleicht suchen Sie sich vor Ort einen Platz in einem Coworking-Space, wo Sie regelmäßig Leute treffen und sich austauschen können. Oder Sie wählen für eine nomadische Arbeitsphase ein Projekt aus, in dem Sie in einer Gruppe mit anderen arbeiten oder leben. Ein einsamer Aufenthalt in unberührter Natur oder auf einer Berghütte ist für Sie eher nicht erstrebenswert.

Haben Sie hier zweimal oder seltener »Ja« geantwortet, kann es sein, dass Sie sich nach Alleinarbeit und einsamen Orten sehnen. Für Sie kann es passend sein, ein paar Wochen im Jahr an komplett abgelegenen Plätzen zu arbeiten. Machen Sie sich dennoch klar: Es gehört zum Arbeitsleben, mit anderen zu kooperieren. Achten Sie darauf, trotz Ihrer Neigung zum Alleinsein weiter im Austausch mit anderen zu bleiben.

Tipp: Schaffen Sie vor einer längeren Ich-bin-dann-mal-weg-Phase regelmäßige Gesprächsräume, vereinbaren Sie feste Video-Termine mit Ihren Kolleginnen und Kollegen. Falls Sie Teammuffel sind, hilft Ihnen so ein Jour fixe dabei, am sozialen Austausch dranzubleiben. Und als jemand, der die Nähe zu anderen ohnehin liebt, schadet es nicht, ab und zu in vertraute Gesichter zu schauen.

Check zwei: Freiheit versus Verbundenheit

Je häufiger Sie auf dieser Liste »Ja« angegeben haben, desto mehr Argumente für eine mobile Arbeitsweise sammeln Sie. Wenn Sie seelisch und körperlich nicht belastet sind, Ihnen der Einstieg ins Berufsleben schon gelungen ist, Sie wenig Verpflichtungen gegenüber anderen Menschen haben, ist die Zeit günstig, das Büro eine Weile gegen einen Arbeitsplatz unter Palmen einzutauschen, auf dem Land oder im Camper zu arbeiten. Denn natürlich spielt die Lebenssituation eine Rolle bei der Suche nach passenden Orten. Das bedeutet allerdings nicht, dass Sie nur auf die Suche nach »Third Places« gehen können, wenn Sie hier die volle Punktzahl erreichen. Wenn Sie in dieser Liste zweimal oder seltener mit »Ja« geantwortet haben, ist das lediglich ein Hinweis darauf, dass Sie bewusster schauen sollten, wie Sie die Besonderheiten Ihrer Situation in die Planung miteinbeziehen können. Denn natürlich können Sie auch mit kleinen Kindern ins Ausland gehen, auch als Jobeinsteiger*in eine nomadische Arbeitsweise ausprobieren oder trotz seelischer Belastungen die Vorteile von New Work nutzen. Vielleicht hilft es Ihnen, sich dazu mit Leuten auszutauschen, die in einer ähnlichen Situation sind wie Sie, die bereits positive Erfahrung mit Coworking auf dem Land oder einem Auslandsjahr gemacht haben. Deren konkrete Tipps können weiterhelfen. Oder Sie proben das Arbeiten woanders mal für eine Woche und entscheiden danach, ob es für Sie passt. Und wie es sich – falls diese mit dabei sind – für Kleinkinder oder Partner*in anfühlt. Entdecken Sie die Möglichkeiten!

Tipp: Überlegen Sie, welche Freunde, Vereine oder Jobverbindungen Sie »zu Hause« zurücklassen. Und wenn Sie für ein halbes Jahr oder länger an einen Ort gehen: Kommunizieren Sie Ihre längere Abwesenheit, halten Sie seltenen, aber regelmäßigen Kontakt, etwa durch eine WhatsApp-Gruppe oder gelegentliche Mails.

Check drei: Vertrautes versus Abwechslung

Temperamente, Neigungen und Fähigkeiten unterscheiden sich. Haben Sie hier dreimal oder häufiger mit »Ja« geantwortet, dann sind Sie wahrscheinlich eher extrovertiert, die Aussicht auf Neues und Aufregendes motiviert Sie. Es liegt ihnen also, neue Arbeitsformen auszuprobieren, sich von anderen Ländern oder neuen sozialen Situationen herausfordern zu lassen. New Work ist deshalb für Sie eine Chance, Arbeit und Abenteuer mehr zu verbinden, ob auf der anderen Seite der Welt oder in einem interessanten Projekt im nächsten Bundesland. So passend digitales Nomadentum für Sie sein mag: Prüfen Sie im Vorfeld auch, wie es um Ihr Selbstmanagement steht. Wenn Sie im Check fünf herausfinden, dass Sie sich nicht besonders gut organisieren können, sollten Sie bei Ihren Planungen darauf achten, sich vor Ort eine feste Struktur für die Arbeitsphasen einzubauen. Sonst lassen Sie sich leicht vom Sog des Neuen mitreißen: Haben Sie hier zweimal oder seltener mit »Ja« geantwortet, sind Sie wahrscheinlich ein Mensch, der Vertrautes schätzt. Eine mobile Arbeitsweise können Sie dennoch ausprobieren. Überlegen Sie selbst, wie Sie dafür sorgen können, dass Sie auch an einem neuen Arbeitsort auch neue Gewohnheiten etablieren können. Falls für Sie schon kleine Veränderungen inspirierend sind, kann es für Sie auch ausreichend sein, sich tageweise in einen ansprechenden, nahegelegenen Coworking-Space einzumieten.

Tipp: Der letzte Punkt auf dieser Checkliste betrifft Ihre Sicherheit im Umgang mit Technik. Schauen Sie einmal, wie Sie diese

Frage beantwortet haben, und nutzen Sie die Gelegenheit, um zu reflektieren, wie gut Sie sich selbst helfen können, wenn technische Probleme auftauchen. Falls Sie eher ungeübt sind, kann es passen, sich einer Coworking-Struktur anzuschließen, die IT-Support und eine gute technische Infrastruktur bietet.

Check vier: Work-Life-Balance

Sich Zeit für die Arbeit nehmen. Sich Zeit für die Freizeit nehmen. Und die Übergänge dazwischen bewusst gestalten. Wenn Sie in dieser Liste dreimal oder häufiger mit »Ja« geantwortet haben, dann fällt Ihnen diese Art der Work-Life-Balance leicht. Das ist eine wichtige Voraussetzung fürs mobile digitale Arbeiten. Und für Workation-Modelle, die Arbeit und Urlaubsgefühl kombinieren wollen. Die Fähigkeit, konstruktiv mit Stress umzugehen und ausreichend Erholungszeiten ins Leben einzubauen ist überall wichtig, ob im Office oder »on the road«. Falls Sie hier zweimal oder seltener »Ja« angekreuzt haben, sollten Sie das bedenken, bevor Sie an andere Orte zum Arbeiten aufbrechen. Vor allem, wenn Sie länger als ein paar Wochen oder dauerhaft woanders arbeiten wollen, überlegen Sie sich, wie es Ihnen gelingen kann, der Freizeit vor Ort bewusst genug Raum zu geben. Dabei kann ein Kniff aus dem Zeitmanagement helfen: Halten Sie sich, wenn Sie unabhängig von den Abläufen des Teams sind, nicht ausschließlich an Arbeitszeiten fest. Überlegen Sie lieber, welche Aufgaben Sie an einem Tag erledigen wollen. Sind diese abgehakt, machen Sie frei. Eine weitere wichtige Vorkehrung: Suchen Sie frühzeitig Aktivitäten und Kontakte, mit denen Sie Feierabend, Wochenenden oder freie Zeiten zwischendurch füllen wollen. Sonst laufen Sie Gefahr, eher in einer neuen Umgebung sogar noch mehr zu arbeiten.

Tipp: Viele Menschen entscheiden sich in einer Lebenskrise oder nach einem Burn-out zu einer längeren Reise, einer Auszeit oder Workation. Das ist eine gute Idee, um sich zu sortieren, neu zu starten. Zur reinen Erholung sind New-Work-Modelle aber eher nicht empfehlenswert: Eine Studie zu den Effekten von »Workation« zeigte neulich, dass 59 Prozent der Befragten sich danach weniger erholt fühlten als nach einem normalen Urlaub. Echte Regeneration für Körper und Seele findet vor allem statt, wenn man mal ein, zwei oder drei Wochen nicht mit Arbeit jongliert.

Check fünf: Selbstmanagement und Konzentration

Haben Sie auf dieser Liste dreimal oder häufiger mit »Ja« geantwortet? Dann ist es für Sie wahrscheinlich beim Arbeiten nicht immer leicht, sich gut zu organisieren und zu konzentrieren. Das kann in Bezug auf das Arbeiten an einem attraktiven Zielort oder weit weg von Teamstrukturen einige Herausforderungen bringen. Zum einen, weil Sie Gefahr laufen, häufig zu prokrastinieren – schließlich kontrolliert Sie niemand. Zum anderen, weil es in ungewohnten Umgebungen wie Coworking-Spaces oder Strandbars oft wesentlich schwieriger ist, sich auf die Arbeit zu konzentrieren. Sehr lärmempfindliche und störbare Menschen sollten diesen Faktor bei Planung und Ortswahl mitbedenken. Falls Sie nicht einschätzen können, wie sehr Sie zur Ablenkbarkeit neigen, kann es helfen, sich einmal so genau wie möglich an eine Situation zu erinnern, in der Sie in der letzten Zeit in einer unruhigen Umgebung gearbeitet haben, zum Beispiel in einem Zug, einem Café oder einem lauten Großraumbüro. Wie sind Sie mit der Situation zurechtgekommen? Konnten Sie genauso gut arbeiten wie sonst? Oder fühlten Sie sich ernsthaft gestört? – Möglicherweise sollten Sie dann ein paar Dinge einpacken, mit denen Sie sich etwas abschirmen können z. B. schallschützende Kopfhörer. Es reicht aber auch, über Kopfhörer eine App mit filternden Sounds abzuspielen (z. B. »Waterfallsound«). Falls Sie auf dieser Liste zweimal oder seltener »Ja«

geantwortet haben, können Sie sich wahrscheinlich gut gegen Ihre Umgebung abschotten und brauchen auch beim Thema Selbstmanagement nur wenig Hilfe von anderen. Für Sie kann eine zeitweise Arbeit woanders ein Gewinn sein.

Tipp: Viele Menschen können sich besser konzentrieren und sich besser in Aufgaben vertiefen, wenn sie die Anwesenheit anderer spüren. Auch deshalb schalten sich einige Menschen, die mobil und digital arbeiten, zu Zoom-Konferenzen mit drei bis fünf Leuten zusammen, in denen alle stummgeschaltet nebeneinanderher arbeiten. In ein bis zwei Stunden Stillarbeit täglich kann man schon viel schaffen.

Check sechs: Kurzfristig versus langfristig

»Aus den Augen, aus dem Sinn.« An dieser Binsenweisheit ist auch in Zeiten von New Work was dran. Sicher schadet es nicht, mal ein paar Monate von woanders zu arbeiten. Wer aber dauerhaft einen digitalen Arbeitsplatz anstrebt, sollte bedenken, dass Flurfunk und vertrauensvolle Kontakte im Berufsleben weiterhin eine Rolle spielen. Vor allem wenn es um die eigene Berufslaufbahn geht. Haben Sie hier dreimal oder häufiger mit »Ja« geantwortet, deutet das jedenfalls darauf hin, dass Sie einige berufliche Ziele anpeilen und dazu gute Kontakte und / oder Fürsprecher*innen brauchen können. In dem Fall ist es ratsam, zumindest gelegentlich auch physisch vor Ort zu sein oder nur für wenige Monate einen Arbeitsplatz weit weg von der eigenen Abteilung auszuprobieren. Versuchen Sie außerdem, ein paar vertrauensvolle Kontakte außerhalb des virtuellen Raums aufzubauen. Oder Sie schaffen sich Arbeitsstrukturen, in denen Sie blockweise im Team und an einem »Third Place« arbeiten. Falls Sie hier zweimal oder weniger mit »Ja« geantwortet haben, sind Sie wahrscheinlich im Beruf ein Solitär, sind im Bereich IT, Kunst, Wissenschaft tätig bzw. im Job gut vernetzt und etabliert. Oder Sie haben generell wenig Lust auf typische Jobrituale oder Karriereplanung, sodass Sie diese Themen schlicht nicht beschäftigen. Das ist in Ordnung. Es kann sich dennoch lohnen, zu prüfen, ob das auf Dauer Ihre beruflichen Wahl- und Entwicklungsmöglichkeiten einschränkt.

Tipp: Welche Motivation haben Sie, sich mit flexiblen Arbeitsorten zu beschäftigen? Schreiben Sie ein paar Stichpunkte auf. Prüfen Sie, ob Sie eher »Hin-zu-«-Motivationen nennen, also Neues entdecken, Erfahrungen machen oder eine Sprache lernen wollen. Oder ob Sie eine »Weg-von«-Motivation leitet, Sie sich vor allem weg vom Stress, von der Chefin, von der Enge des Betriebs wünschen. Falls Sie hauptsächlich solche Weg-von-Motive finden, reflektieren Sie einmal darüber, welche Probleme Sie aktuell im Job angehen könnten, statt zu flüchten. New-Work-Modelle können Sie dann umso entspannter ausprobieren.

Checkliste

Diese Fragen sollten Sie stellen,
um den für Sie perfekten
Coworking-Space zu finden

- [ ] Was kostet ein Probetag?
- [ ] Muss ich mich vertraglich für einen bestimmten Zeitraum binden?
- [ ] Wie schnell ist das WLAN?
- [ ] Wie hoch ist der Geräuschpegel, und was wurde baulich für eine gute Akustik getan?
- [ ] Wie ergonomisch sind die Arbeitsplätze: Sind die Schreibtische höhenverstellbar? Gibt es Bürostühle?
- [ ] Sind die Kosten für den Drucker im Mietpreis enthalten?
- [ ] Wie viele Leute können im Space arbeiten?
- [ ] Gibt es eine Füllstandsanzeige, sodass ich sehen kann, wie viele Menschen vor Ort sind?
- [ ] Gibt es Community-Manager*innen?
- [ ] Gibt es eine Übersicht der Dauermieter*innen, sodass ich sehen kann, mit wem ich mich vernetzen könnte?
- [ ] Gibt es organisierte Angebote wie Brunches, Seminare oder Workshops, die die Vernetzung fördern?

☐ Und wie sieht es mit Kaffee und dem gastronomischen Angebot aus? Auch wenn man selbst keinen Kaffee trinkt: Bei Geschäftspartner*innen kann man mit hochklassigem Latte macchiato punkten.

☐ Gibt es Seminarräume, die gemietet werden können?

☐ Werden auch Übernachtungsmöglichkeiten angeboten?

☐ Kann ich duschen, wenn ich mit dem Fahrrad komme oder mal joggen und mich umziehen will?

☐ Wird die Küche von Profis gereinigt?

☐ Gibt es Schließfächer?

☐ Kann ich die Postadresse nutzen?

☐ Wie sind die Kündigungsfristen?

☐ Gerade für Angestellte größerer Unternehmen wichtig: Wie kann ich meinem Arbeitgeber nachweisen, dass meine Daten hier sicher sind und auch sonst keine Firmeninterna Gefahr laufen, publik zu werden?

☐ Wie ist die Verkehrsanbindung?

☐ Gibt es Parkplätze und sichere und überdachte Fahrradstellplätze?

Service

Adressen für die Büroflucht

In Deutschland, Österreich und der Schweiz gibt es mehr als tausend Coworking-Spaces (allein in Berlin sind es mehr als hundert); der Bundesverband Coworking-Spaces zählte in seiner jüngsten Erhebung im Jahr 2020 in Deutschland fast 1300 Angebote. Das sind natürlich zu viele, um sie hier gesammelt aufzuführen.

Große Player wie WeWork, IWG / Regus, MySpace oder Rent24 haben in Städten wie Berlin, Hamburg, München, Frankfurt am Main oder Köln viele Standorte, die sich auch für spontane Buchungen eignen – diese findet man schnell über eine einfache Google-Suche.

Wir haben den Fokus auf besondere Angebote gelegt, deren Konzept über das bloße Bereitstellen von Schreibtischen und Schließfächern hinausgeht – und die nicht ausschließlich auf Dauermieter*innen ausgerichtet sind, sondern auch offen für Büroflüchtige, die erst einmal ausprobieren wollen, ob die Arbeit in einem Coworking-Space etwas für sie ist.

Bei vielen der hier verzeichneten Anbieter*innen steht der Community-Gedanke stark im Vordergrund, hier kann man von offenen Begegnungen und Netzwerken profitieren; etliche punkten durch eine besonders schöne Lage oder Ausstattung, die sie auch für eine Workation oder ein Teamevent attraktiv machen können. Allen ist gemein, dass sie einen guten Einstieg in das Konzept der multilokalen Arbeit bieten. »Arbeite doch, wo du willst« heißt auch: Erst einmal herausfinden, was man will – und was wo passen könnte.

Baden-Württemberg: Wälderherz

Hauptstraße 16
79822 Titisee-Neustadt
mein-waelderherz.de

»Das neue Wohnzimmer der Stadt«, so nennt sich das Wälderherz in Titisee-Neustadt im Schwarzwald selbstbewusst. Café, Pop-up-Verkaufsfläche und Coworking – das ist der Dreiklang des Projekts, das vom Land Baden-Württemberg noch bis Ende 2023 gefördert wird und beweisen soll, dass sich leer stehende Immobilien innovativ mit Leben füllen lassen.

Wer eine Geschäftsidee ausprobieren will, kann im »Wälderherz« kostengünstig auf der Pop-up-Verkaufsfläche einen Stand einrichten und einfach mal schauen, ob sich interessierte Käufer*innen finden. Ob selbst gemachte Seifen, Kissen, Schmuck oder Wandteppiche – um den Verkauf kümmert sich das »Wälderherz«-Team, das heißt, die Hersteller*innen müssen nicht permanent selbst vor Ort sein. Start-ups können sich in sogenannten Show-Cornern präsentieren, zudem gibt es ein Café und einen Coworking-Space mit einer Küche für Selbstversorger*innen. Das »Wälderherz« hatte schon vor seiner Eröffnung im Dezember 2022 zahlreiche Unterstützer*innen, die unter anderem Möbel und Blumen gespendet haben.

- Tagestickets gibt es ab 12 Euro, Monatstickets ab 289 Euro.
- Es gibt 34 Arbeitsplätze im Café und vier Schreibtische, die flexibel gemietet werden können. Außerdem eine Meetingkabine für zwei Personen und einen Meetingraum für bis zu sechs Menschen. Auf Wunsch kann ein Kreativraum für bis zu zehn Personen abgetrennt werden. Auch eine kleine Bühne mit Licht und Tontechnik ist vorhanden.
- Internet: 500 Mbit/s im Download und 50 Mbit/s im Upload
- Barrierefreiheit ist geplant.
- Im Café werden Kaffeespezialitäten, Saftschorlen aus der Region, salzige Knabbereien und süße Teilchen angeboten.

- Anreise mit öffentlichen Verkehrsmitteln: Eine Bushaltestelle ist direkt vor der Tür. Bis zum Bahnhof und den Zügen nach Freiburg und Donaueschingen sind es nur wenige Minuten zu Fuß.

Baden-Württemberg: St. Johann

Brückengasse 1b
Konstanz
st-johann-konstanz.de

Die ehemalige Stiftskirche in Konstanz stammt aus dem 13. Jahrhundert und hatte schon viele Funktionen. Sie war Gotteshaus, Brauerei, Hotel, Markthalle, Möbelhaus, Galerie und Fernsehstudio. Jetzt beherbergt sie einen spektakulären Coworking-Space. Gearbeitet wird hier hinter meterdicken Sandsteinmauern, im Licht bunter Kirchenfenster, nur wenige Gehminuten vom Bodensee entfernt.

Inhaber ist ein Business Angel aus Konstanz, konzipiert und betrieben wird das St. Johann aber von »Gründerschiff«, einem Unternehmen, das Kommunen und öffentliche Einrichtungen berät - zum Beispiel bei der Gründung neuer Coworking-Spaces. Das »Gründerschiff«-Team begreift das St. Johann deshalb auch »als Realitätscheck für unsere Ideen und als Flagship-Store«.

- Es gibt bis zu 65 Arbeitsplätze und einen Meetingraum für bis zu 16 Personen. Noch mehr Platz gibt es im Kirchenschiff, das abends und am Wochenende gemietet werden kann und bis zu 120 Menschen Raum bietet.
- Tagespässe gibt es ab 30 Euro, außerdem verschiedene Monatspakete mit flexiblen oder fixen Schreibtischen. Inkludiert sind Ausdrucke, außerdem Kaffee, Tee, Wasser, frisches Obst von der Insel Reichenau und kleine Snacks. Geflüchtete dürfen die Arbeitsplätze kostenfrei nutzen.

- Es werden vier Apartments für zwei bis vier Personen in unmittelbarer Nähe vermietet, ab 100 Euro pro Nacht inklusive Nutzung des Coworking-Spaces. Buchbar unter: oberstueble-konstanz.de
- Internet: 1000 Mbit/s Download und 50 Mbit/s Upload, ein schnellerer Upload ist in Arbeit.
- Kulinarik: Das St. Johann liegt mitten in der Altstadt von Konstanz und ist umgeben von Cafés und Restaurants. Vor Ort wird Eis eines lokalen Anbieters verkauft.
- Die meisten Arbeitsplätze sind barrierefrei, es gibt auch eine barrierefreie Toilette.
- Anreise mit öffentlichen Verkehrsmitteln: Der Bahnhof Konstanz ist zu Fuß in etwa zehn Minuten zu erreichen. Fast alle Konstanzer Buslinien halten in unmittelbarer Nähe.

Bayern: Nordhalben Village

Kronacher Str. 9
96365 Nordhalben
nordhalbenvillage.de

Nordhalben ist ein malerisches Örtchen in Oberfranken, mitten in einem wunderschönen Wandergebiet. »Wir sind umgeben von perfekter Natur: dem Frankenwald und dem Thüringer Wald, zwei Thermen und zwei Talsperren und bieten trotzdem ein Hightech-Umfeld«, sagt Halgard Stolte, Chefin einer IT-Firma und Gründerin des Nordhalben Village.

Sie lebt im Nachbarort Titschendorf, und als sie für ihre IT-Firma auf der Suche nach einem Büro in der Nähe war, bekam sie von der Gemeinde ein leer stehendes Schulgebäude aus dem 18. Jahrhundert zur Verfügung gestellt. Mit Fördermitteln schaffte sie es, das Gebäude für 1,6 Millionen Euro umzubauen in ein Coworking- und Co-Living-Projekt mit 40 Arbeitsplätzen und acht voll ausgestatteten Apartments mit Bad und Küche.

Arbeitsplätze und Wohnungen werden üblicherweise monatsweise vermietet. Wer kürzer bleiben will, kann zum Pauschalpreis von 50 Euro vier Tage lang einen Arbeitsplatz für sich reservieren.

- Es gibt zwei Coworking-Büros mit Platz für jeweils acht Personen und zwei Einzelbüros, in denen bis zu acht Arbeitsplätze eingerichtet werden können.
- Die Monatsmiete für einen Schreibtisch beträgt 150 Euro pro Monat inklusive Kaffee- und Getränkeflatrate.
- Die 25 Quadratmeter großen Apartments können zum Preis von 500 Euro pro Monat inklusive Nebenkosten, Bettwäsche und Handtüchern gemietet werden. Auf Wunsch gibt es einen Reinigungsservice.
- Internet: Glasfaser mit 100 Mbit/s Download und 100 Mbit/s Upload
- Die Coworking-Räume im Erdgeschoss können barrierefrei betreten werden, dort gibt es auch eine behindertengerechte Toilette. Die Tagungsräume sind im ersten Stock und können nur über eine Treppe erreicht werden.
- Anreise mit öffentlichen Verkehrsmitteln: Die nächsten Bahnhöfe sind Kronach und Wurzbach. Von Kronach aus ist das Nordhalben Village per Bus stündlich erreichbar, für Gäste, die von Wurzbach aus anreisen, gibt es einen Abholservice.

Bayern: Neue Höfe

Neuselingsbach 12
90616 Neuhof a.d. Zenn
neuehoefe.de

Die Geschwister Sabine Sauber und Michael O. Schmutzer spielten als Kinder oft auf der Streuobstwiese ihrer Großmutter in Franken, »in der fränkischen Toskana«, wie sie sagen. Neuhof an der Zenn trägt den Fluss schon im Namen. Er schlängelt sich vorbei an Wiesen, Wäldern, Äckern und Streuobstwiesen. »Es ist die perfekte Kulisse für einen Begegnungsort mitten in der Natur«, sagt Sabine Sauber. Zusammen mit ihrem Bruder hat sie schon drei Gebäude-Ensembles zu einem New-Work-Campus umgebaut: eine ehemalige Poststation, ein traditionelles Wirtshaus und einen Barock-Bauernhof. Ob zwischen knorrigen Apfelbäumen, auf der Terrasse oder in »der Macherscheune« mit Flatscreen, Pinnwand und Whiteboards – hier können Teams ungestört neue Ideen kreieren, sich austauschen oder feiern.

- Die Miete ist tageweise in einem der Meetingräume oder monatlich in einem der sechs Studios möglich, einem Mix aus Apartment und Büro oder Garage und Büro. Die Studios sind für zwei bis sechs Personen gedacht, manche verfügen über eine Küchenzeile – oder auch einen alten Kachelofen.
- Der größte Meetingraum hat Platz für bis zu 40 Personen. Insgesamt gibt es Kapazitäten für bis zu 150 Personen. Klassische Coworking-Tagestickets für Einzelpersonen gibt es nicht.
- Übernachtet werden kann bei Partner-Hotels vor Ort, buchbar ist aber auch ein Team-Haus mit Schlafplätzen für bis zu zehn Personen.
- Internet: 1 Gbit/s im Download, Upload zwischen 50 Mbit/s und 500 Mbit/s über Glasfaser
- Kulinarik: Mineralwasser und Softgetränke, Nespresso-Kaffee, Samoa-Tee, Wein und Bier regional, Snacks, Obst und Kuchen bis hin zu komplettem Catering im Angebot
- Größtenteils barrierefrei
- Anreise mit öffentlichen Verkehrsmitteln: Der nächste Bahnhof in Adelsdorf ist rund vier Kilometer entfernt, von dort geht es weiter mit dem Bürgerbus oder einem Shuttleservice

Brandenburg:
Alte Schule Letschin

Karl-Marx-Str. 5
15324 Letschin
Coworking-oderbruch.de

Die ehemalige Gründerzeit-Schule am Dorfplatz in Letschin beherbergt eine etwa 80 Quadratmeter große Coworking-Fläche mit acht Arbeitsplätzen, drei davon in Einzelbüros, und einen Meetingraum mit Platz für zehn Personen. Eigentümerin und Vermieterin der Räume ist die Gemeinde Letschin. Die gute Seele des Hauses ist Thorsten Kohn, der als Quereinsteiger den Umbau zum Coworking-Space begleitet hat und sich um das Community-Management kümmert.

- Tagestickets für den Coworking-Space gibt es für 12 Euro. Wer nur zwei Stunden bleiben will, zahlt 5 Euro. Im Angebot sind außerdem Fünfer- und Zehnertageskarten.
- Übernachtungsmöglichkeit gibt es in einem Wohnwagen vor der Schule (ab 30 Euro inkl. Coworking-Tagesticket) oder im Hostel gegenüber. Für Camper gibt es eigene Stellplätze.
- Internet: zwei Netzwerke mit je 50 Mbit/s, Glasfaseranschluss geplant.
- Kulinarik: Großes Angebot an Kaffee, Tee und Getränken. Bäcker, Gaststätte und Imbiss gleich nebenan.
- Barrierefrei
- Anreise mit öffentlichen Verkehrsmitteln: Der Regionalbahnhof Letschin ist rund 1,7 Kilometer entfernt. Ein Bus hält direkt vor der Tür. Die Fahrt ab dem Potsdamer Platz in Berlin dauert rund zwei Stunden.

Brandenburg: Project June

Werder 45
14913 Jüterborg
projectjune.de

Früher wurden in dem Vierseitenhof in Jüterborg Rinder und Schweine gezüchtet, heute gibt es dort veganes Frühstück – und einen Coworking-Space. An die Landwirtschaftliche Produktionsgenossenschaft (LPG) aus DDR-Zeiten erinnern nur noch die Backsteinmauern. Der Berliner Digitalunternehmer Benjamin Rohé hat den Hof 2021 gekauft, renoviert und zusammen mit den Gründern Oliver Clasen und Marc Kimmich in »einen CO_2-positiven Campus für Familie, Arbeit, Freunde, Essen, Events und Sport« verwandelt. »Project June« heißt das Projekt, weil Rohé im Juni Geburtstag hat und im Juni den Kaufvertrag unterschrieb. Zu dem Anwesen gehören ein Teich, ein Turm mit Tauben und ein Pferdestall – und mit dem Regionalexpress dauert die Fahrt vom Potsdamer Platz bis zum Bahnhof von Jüterbog nur 45 Minuten.

- Tagespässe für den Coworking-Space gibt es ab 22 Euro.
- In der Event-Scheune haben bis zu 120 Personen Platz. Es gibt sechs Meetingräume für vier bis 30 Personen, dazu Open-Air-Arbeitsplätze mit Sonnenschutz und Strom für acht Personen.
- Auf dem Gelände kann in Apartments übernachtet werden, im Standardzimmer für zwei Personen ab 90 Euro die Nacht, im Garten-Apartment für vier Personen ab 195 Euro pro Nacht. Wer Mitglied wird, darf seine Taschen vor Ort lagern und zahlt einen niedrigeren Übernachtungspreis: Für 395 Euro im Monat gibt es 36 Nächte im Garten-Apartment. Die Ausstattung ist hochwertig, mit Designermöbeln, Fußbodenheizung und Birkenstock-Betten.
- Internet: Derzeit bis 250 Mbit/s, Glasfaseranschluss geplant.
- Kulinarik: Restaurantbetrieb mit Frühstück an sieben Tagen pro Woche, dazu Angebote für Mittag- und Abendessen. Im

Coworking-Space gibt es eine große, italienische Kaffeemaschine mit vielen Sorten.

- Teilweise barrierefrei
- Anreise mit öffentlichen Verkehrsmitteln: Mit dem Regio-Express oder dem ICE bis Lutherstadt, dann weiter mit dem Ruf-Bus, der zum Aufpreis von einem Euro bestellt werden kann und direkt vor der Tür des Hofs hält

Brandenburg: Coconat

Klein-Glien 25
14806 Bad Belzig
coconat-space.com

Das Coconat ist so etwas wie die Keimzelle der Workation-Bewegung in Deutschland. Arbeiten, wo andere Urlaub machen – mit dieser Idee locken Iris Wolfer, Janosch Dietrich, Philipp Hentschel und Julianne Becker schon seit Mai 2017 Gäste aus aller Welt auf ihr altes Gutshaus in Klein Glien, südwestlich von Brandenburg.

Sie starteten mit 13 Einzel-, Doppel- und Mehrbettzimmern, mittlerweile gibt es 20 Zimmer mit Platz für bis zu 60 Personen. Zu ihren ersten Gästen zählten Doktorand*innen aus Berlin, die ungestört an ihrer Dissertation arbeiten wollten, aber auch Game Designer*innen und Software-Entwickler*innen auf Weltreise. Und schon bald schickten Konzerne wie Daimler oder die Telekom eigene Teams zu Workshops in die Provinz.

Der Name Coconat ist eine Abkürzung für »community and concentrated work in nature«: Gemeinschaft, konzentriertes Arbeiten und Naturerlebnisse, das ist der Dreiklang, der alle Gäste vereint. Gesprochen wird Deutsch und Englisch – Coconat-Mitgründerin Julianne Becker kommt aus dem US-Bundesstaat Missouri.

Das Gutshaus ist umgeben von Wäldern und Wiesen, das WLAN reicht bis an einen kleinen See. Dreimal am Tag wird ein gemeinsames Essen angeboten, es gibt vegetarische und vegane Gerichte. Außerdem eine Fass-Sauna, einen Kicker – und eine Werkstatt mit einem 3-D-Drucker, CNC-Fräse und Siebdruckmaschine.

Wer länger bleiben und sich vor Ort engagieren möchte, kann sich für das sogenannte Work-Stay-Programm bewerben und gegen Kost und Logis 20 Stunden pro Woche mitarbeiten, zum Beispiel als Community-Manager*in.

- Tagespässe gibt es ab 10 Euro, inkludiert sind Snacks, Kaffee, Tee.
- Eine Übernachtung auf dem Zeltplatz kostet 10 Euro, im Mehrbettzimmer 25 Euro, im Einzelzimmer 72 Euro pro Nacht. Alle Zimmer haben ein eigenes Bad, auch Bettwäsche und Handtücher sind dabei. Dazu lassen sich verschiedene Verpflegungspakete buchen. Das All-inclusive-Paket kostet 33 Euro pro Tag. Wer lieber die Gemeinschaftsküche nutzen möchte, zahlt 5 Euro pro Tag.
- Es gibt 60 Arbeitsplätze und einen Meetingraum für bis zu 100 Personen.
- Internet: 100 Mbit/s
- Nicht barrierefrei
- Anreise mit öffentlichen Verkehrsmitteln: Nächster Bahnhof ist Bad Belzig, rund sechs Kilometer entfernt, von dort geht es mit dem Bus weiter

Hessen: FachWerkerei

Marktplatz 9
34576 Homberg/Efze
fachwerkerei.de

Der Marktplatz von Homberg/Efze sieht aus wie eine lebendig gewordene Bilderbuch-Illustration. Ein schiefes Fachwerkhäuschen reiht sich ans nächste, die Fassaden sind neu verputzt, die hölzernen Querbalken teilweise rot und blau gestrichen. Eines dieser Häuschen, das früher die »Manufaktur Modewaren & Confection« beherbergt hat, wurde von Frieder Saalmann restauriert, der aus der Region stammt und in Darmstadt bei einem Technologieunternehmen arbeitet. Er verwandelte den einstigen Modeladen in einen 300 Quadratmeter großen Coworking-Space. Die »Fach-Werkerei« wurde im Frühjahr 2021 für den »Summer of Pioneers« eingerichtet und wird seither sowohl von Menschen genutzt, die das Landleben monatsweise testen wollen, als auch von Einheimischen. Es gibt 14 Arbeitsplätze, drei Konferenzräume und eine Dachterrasse mit herrlichem Blick, die man zum Arbeiten, aber auch zum Chillen in der Hängematte nutzen kann. Zwei Häuser weiter steht zudem noch ein 160 Quadratmeter großer Veranstaltungssaal zur Verfügung, in dem Workshops mit bis zu 98 Personen abgehalten werden können. Annett Zöller ist die gute Fee der FachWerkerei und steht jeden Vormittag mit Rat und Tat zur Seite.

- Tagespässe gibt es ab 19 Euro.
- Internet: 250 Mbit/s, Glasfaser wird gerade verlegt.
- Kulinarik: In der Küche gibt es Kaffeemaschine, Wasserkocher und Mikrowelle, Cafés und Restaurants nebenan, und der Wochenmarkt findet direkt vor der Tür statt. Zweimal wöchentlich gibt es gemeinsame Kaffeepausen, zu denen auch die Nachbarn kommen, und ab und an gemeinsame Frühstücksrunden.
- Nicht barrierefrei: Die »FachWerkerei« verteilt sich auf zwei Geschosse, die sanitären Anlagen befinden sich auf der unteren Ebene, die man nicht barrierefrei erreichen kann.
- Anreise mit öffentlichen Verkehrsmitteln: Zum nächsten Bahnhof in Wabern gibt es eine Busverbindung. Von Kassel aus dauert die Fahrt mit Bahn und Bus rund eine Stunde. Carsharing-Angebote vom Bahnhof in Wabern sind in Planung.

Mecklenburg-Vorpommern:
Wir bauen Zukunft

Holzkruger Straße 1
19258 Gallin
Ortsteil Nieklitz
wirbauenzukunft.de

Auf dem ehemaligen Ackerland unweit der Autobahn A24 zwischen Hamburg und Berlin wurde nach der Wende ein Erlebnispark mit dem sperrigen Namen Mensch-Natur-Technik-Wissenschaft gegründet. Trotz einer Auszeichnung mit dem Deutschen Umweltpreis kamen nur wenige Besucher*innen, das Projekt scheiterte, die Gebäude verfielen. Dann erwarb eine Genossenschaft das zehn Hektar große Grundstück samt Badesee, um dort »einen Zukunftsort auf dem Land« aufzubauen – mit viel Platz zum Arbeiten, Träumen, Flanieren und Experimentieren. »Unsere Mission ist es, gesunde Ökosysteme zu schaffen, in denen Menschen in Einklang mit der Natur leben, lernen und arbeiten können«, sagt Vereinsmitglied Kati Gerstenberg.

Die Genossenschaft veranstaltet regelmäßig sogenannte »ComYOUnity-Events«, bei denen Digitalarbeiter*innen für zwei Wochen oder länger das Leben auf dem Land testen können. Es gibt einen Coworking-Space mit 20 Arbeitsplätzen, zwei Tiny Houses, eine Lounge für Meetings und eine Werkhalle, in der zum Beispiel Camper ausgebaut werden können, in der es aber auch Büroräume und einen 3-D-Drucker gibt. Und das WLAN reicht bis zum Sonnendeck am Badeteich.

Gewohnt werden kann auf dem Gelände im Haupthaus in Schlafkojen, aber auch zwischen Rosen im Gewächshaus, in Glamping-Zelten oder in Tiny Houses – oder im eigenen Camper. Wer nur für einen Tag vorbeischauen will, ist ebenfalls willkommen, sollte sich aber vorher anmelden.

- Ein Tagespass für die Nutzung des Coworking-Angebots kostet 10 Euro, ein Monats-Abo gibt es ab 100 Euro. Einzelbüros können auf Anfrage gemietet werden.
- Auf dem Gelände finden viele Veranstaltungen statt, Übernachtungsgäste müssen sich deshalb vorher anmelden. Für Einzelgäste gilt ein Mindestaufenthalt von sieben Nächten, für Teams sind auch kürzere Aufenthalte möglich.
- Internet: Genutzt wird satellitenbasiertes Internet von Starlink und das LTE-Netzwerk von Vodafone. In der Summe beträgt die Geschwindigkeit etwa 300 Mbit/s, im Mittelwert etwa 150 Mbit/s
- Kulinarik: Es gibt ein Selbstbedienungscafé und von Oktober bis April von Montag bis Freitag einen täglichen Mittagstisch mit Bioprodukten aus der Region.
- Barrierefrei: Menschen mit Behinderung sind willkommen. Der Coworking-Space, Café und Sanitäranlagen sind ebenerdig, es gibt auch eine ebenerdige Dusche.
- Anreise mit öffentlichen Verkehrsmitteln: Der nächstgelegene Bahnhof ist Schwanheide, von dort geht es mit dem Rufbus weiter, der für einen Aufpreis von einem Euro vorab zur Bahnfahrt dazugebucht werden kann. Zudem gibt es eine offene Telegram-Gruppe, über die Mitfahrgelegenheiten organisiert werden.

Mecklenburg-Vorpommern: Boddenstraße 64
Project Bay   18518 Lietzow
                             project-bay-Coworking.de

Stand-up-Paddeling oder Kajakfahren in der Mittagspause – oder einfach nur eine Runde schwimmen? In der »Project Bay« auf Rügen haben Coworker*innen die Qual der Wahl.

Hannes Trettin und Toni Gurski sind beide auf der Insel aufgewachsen – und verließen sie, wie so viele, als junge Erwachsene. Hannes Trettin studierte Wirtschaftsingenieurwesen und Management in Berlin, Nürnberg/Erlangen und Beijing, Toni Gurski zog es nach einer Ausbildung nach England. Beide fanden gut bezahlte Jobs in Großstädten, aber sie sehnten sich nach ihrer Heimat – und träumten von einem Häuschen mit Reetdach am Meer für ein Wohn-und-Arbeitsprojekt. Das fanden sie zwar nicht, dafür aber einen adäquaten Ersatz: Das fünf Stockwerke hohe Haus mit eigenem Zugang zur Ostsee war ursprünglich mal als Feriendomizil geplant, nun beherbergt es »das schönste Callcenter Deutschlands« – und auf der dritten Etage den Coworking-Space der »Project Bay«. Zu dem Projekt gehören außerdem noch eine Workshopfläche und 14 Apartments mit eigenem Bad und Küche.

- Tagespässe gibt es ab 17,85 Euro. Für Gäste, die gerne länger bleiben würden, gibt es Zehnerkarten und Monatspässe.
- Übernachtet werden kann in 12 Zimmern: Einzel-, Doppel- und Familienzimmer sowie Hostelzimmer mit Doppelstockbetten. Insgesamt stehen 28 Betten zur Verfügung. »Der größte Teil der Zimmer hat einen traumhaften Blick über den Bodden«, sagt Gurski. Zusätzlich gibt es noch 12 kleinere Apartments mit eigener Küche und Badezimmer.
- Es gibt knapp 30 Arbeitsplätze im Open Space und zusätzlich sechs abschließbare Einzelbüros für jeweils zwei bis vier Personen. Im Eventraum finden maximal ca. 80 Personen Platz.
- Internet: Es gibt einen Glasfaseranschluss, welcher mit 500 Mbit/s im Download und 100 Mbit/s im Upload angeschlossen ist. Bis zu 10 Gbit/s sind möglich.
- Kulinarik: Kaffee, Wasser und Tee stehen den Coworking-Gästen kostenfrei zur Verfügung. In den Sommermonaten hat direkt nebenan ein Restaurant mit Imbiss geöffnet, und eine

traditionelle Fischräucherei gibt es wenige Gehminuten entfernt. Für Tagungen und Veranstaltungen kann ein Catering organisiert werden.

- Barrierefrei
- Anreise mit öffentlichen Verkehrsmitteln: Der Regionalbahnhof Lietzow ist rund 700 Meter entfernt. Von dort erreicht man Stralsund in 37 Minuten.

Mecklenburg-Vorpommern: St. Oberholz Woldzegarten Retreat	Walower Str. 30 17209 Leizen sanktoberholz-retreat.de

Das Café St. Oberholz in Berlin ist vielen Digitalarbeiter:innen ein Begriff: Gründer Ansgar Oberholz war einer der Ersten, die schon 2005 ihre Gäste mit WLAN versorgten (lesen Sie dazu auch das Interview auf Seite 187). Seit Beginn des Jahres 2023 gibt es nun das Pendant auf dem Land. Ansgar Oberholz und sein Team haben einen 200 Jahre alten, denkmalgeschützten Gutshof an der Mecklenburgischen Seenplatte zum Coworking Campus umgebaut. Auf dem vier Hektar großen Areal gibt es reichlich Platz zum Arbeiten, aber auch zum Entspannen. Zum Gutshaus gehört ein 150 Quadratmeter großer Wellnessbereich inklusive Yogaraum und Outdoor-Fitnessgeräten.

- Gemietet werden können 18 Gutshauszimmer und acht Apartments.
- Im Coworking-Space können zwölf Gäste an einem langen Tisch ihre Laptops aufklappen, gearbeitet werden kann und darf aber überall, zum Beispiel auch im Kaminzimmer.

- Internet: Highspeed, 1 Gbit/s Upload und Download
- Nicht barrierefrei.
- Kulinarik: Abends gibt es täglich wechselnde Vier-Gänge-Menüs, morgens ein großes Frühstücksangebot. Für die Küche ist das Gastronomen-Ehepaar Rebecca und Jared Bassoff zuständig, das manchen Berliner*innen vom »Estelle Dining« bekannt ist. Die beiden servieren eine moderne saisonale und regionale Küche mit vielen veganen und vegetarischen Angeboten. Kaffee, Limos, Kombucha oder Bier können den ganzen Tag über bestellt werden, für den kleinen Hunger zwischendurch gibt es Sandwiches und Kuchen.
- Anreise mit öffentlichen Verkehrsmitteln: Mit dem Zug bis Waren an der Müritz und dort aus weiter mit dem Taxi (rund 25 Kilometer).

Niedersachsen:
Coworking Landpark

Wildpark
27389 Lauenbrück
landpark.de/projekte/
coworkingspace

Mal zwischen Wollschweinen und Eseln arbeiten: Der Coworking-Space liegt inmitten einer großen Park- und Gartenlandschaft, mit Küchengärten, Blumen- und Insektenwiesen, Barfußpfad und Schaukelwald. Es gibt viele separate Kreativräume für Besprechungen – ob im Schäferwagen oder im Konferenzraum in der Orangerie mit kompletter Konferenztechnik bis hin zum Streaming.

Nutzer*innen können den Space flexibel buchen und so für halbe oder ganze Tage als Arbeitsplatz nutzen. Um den Kopf frei zu bekommen, lädt der angrenzende Park zum Spaziergang, Chillen in der Hängematte, Wandeln auf dem Niedrigseilgarten oder Achtsamkeitspfad ein. Der gemeinnützige LandPark Lauenbrück setzt sich vor allem für den Schutz alter und bedrohter Haus- und Nutztierrassen ein – und diese tummeln sich reichlich auf dem 25 Hektar großen Areal. Der LandPark wurde als Test- und Kooperationspartner von Coworkland zum Pop-up-Coworking-Standort für Niedersachsen.

- Tagespass für die Zeit von 8 bis 18 Uhr für 49 Euro
- Übernachtungsmöglichkeiten erst ab zwei Übernachtungen in den beiden Schäferwagen. In jedem finden bis zu vier Personen für insgesamt 95 Euro pro Nacht Platz. Wer mehr Komfort als Outdoorduschen wünscht, kann die Ferienwohnung mit Küche und Bad mieten, in der ebenfalls vier Personen für insgesamt 149 Euro pro Nacht schlafen können. Der Parkeintritt ist dann inklusive.
- Es gibt zehn Arbeitsplätze, im größten Meetingraum in der Orangerie finden 80 Personen Platz, bis zu 50 im Pferdezimmer.
- Internet: 500 Mbit/s
- Kulinarik: Warme und kalte Getränke können im Bistro bestellt werden, die Versorgung mit Speisen muss bei der Buchung besprochen werden.
- Barrierefrei sind Orangerie, Pferdezimmer und die Toiletten, die Schäferwagen sind es nicht.
- Anreise mit öffentlichen Verkehrsmitteln stündlich per Bahn mit Metronom aus Hamburg und Bremen bis Bahnhof Lauenbrück, dann weiter mit dem Bürgerbus bis zum LandPark oder zu Fuß (2,3 km)

Nordrhein-Westfalen:
BaseCamp Bonn

In der Raste 1
53129 Bonn
basecamp-bonn.de

Auf diesem Campingplatz scheint nie die Sonne und trotzdem ist es immer trocken: Im BaseCamp in Bonn schlafen Gäste in einer 1300 Quadratmeter großen Lagerhalle – und zwar im VW Bulli oder Airstream-Wohnwagen, in einem ausrangierten Schlafwagen der Bahn, einer Schweizer Skigondel oder im Zelt auf dem Dach eines Trabis. Vom kleinen Handwerksbetrieb bis zum Dax-Konzern – hier haben schon viele Firmen Workshops abgehalten.

- Die gesamte Halle kann samt großem Außengelände für 5000 Euro pro Tag gemietet werden, bis zu 500 Stühle können auf Wunsch aufgestellt werden.
- Kleinere Teams mit fünf bis 50 Personen können in der Halle eine 170 Quadratmeter große Empore mit Blick auf die Wohnwagenlandschaft für 200 Euro pro Tag buchen.
- Internet: 100 Mbit/s im Download, 30 Mbit/s im Upload. Bei Bedarf kann die Leistung für den Buchungszeitraum erhöht werden.
- Insgesamt gibt es 50 Schlafgelegenheiten in 22 Fahrzeugen und 28 Schlafwagenabteile in zwei Zügen.
- Auf Wunsch werden auch Zimmer in einem benachbarten Apartmenthotel vermittelt.
- Kulinarik: Kaffee ist immer ausreichend vor Ort, Catering kann dazugebucht werden.

Callenbeck 3
48619 Heek-Nienborg
calle3.de

Bernhard Holtkamp ist gelernter Landwirt, er sollte mal den elterlichen Betrieb im Münsterland übernehmen. Tatsächlich lebt und arbeitet er auf dem Hof – aber anders als seine Eltern. Aus dem Homeoffice heraus arbeitet er im Vertrieb eines Softwareunternehmens, das seine Zentrale im 400 Kilometer entfernten Walldorf hat. Zusammen mit seiner Frau und den beiden erwachsenen Söhnen heißt er nun auf dem Bauernhof Coworker*innen willkommen.

- Tagestickets gibt es ab 20 Euro.
- Es gibt zwei Wohnmobil-Stellplätze.
- Angeboten werden insgesamt 16 Arbeitsplätze und mehrere Besprechungsräume für sechs bis acht Personen. Die ausgebaute Tenne kann für Meetings mit Tischplätzen für bis zu 15 Personen gemietet werden und bietet bei Veranstaltungen bis zu 25 Personen Platz.
- Internet: 100 Mbit/s Glasfaserleitung (kann auf 500 Mbit/s erhöht werden), WLAN auf dem ganzen Hof
- Kulinarik: Kaffeeautomat und Wasserkocher, aber keine Küche; Essen kann bei Caterern in der Nachbarschaft bestellt werden.
- Nicht barrierefrei
- Anreise mit öffentlichen Verkehrsmitteln: Der nächste Bahnhof ist circa zehn Kilometer entfernt, die nächste Bushaltestelle circa zwei Kilometer.

Eine Kirche als Coworking-Space? Spektakulärer geht es wohl kaum. Die Kirche St. Elisabeth in Aachen wurde 1904 bis 1907 erbaut, erinnert von der Architektur her aber an die Spätgotik der Mitte des 15. Jahrhunderts: bunte Schmuckfenster, gedrehte Säulen und ein prachtvolles Netzgewölbe an der hohen Decke. Noch 2010 trafen sich hier Katholiken zum Gebet, heute stehen 80 Schreibtische im Kirchenschiff. Betrieben wird der Coworking-Space von dem Verein digitalHUB Aachen, der es sich zum Ziel gemacht hat, Start-ups und mittelständische IT-Unternehmen und Industriekonzerne zusammenzubringen. Für den Umbau der Kirche hatten mehr als 100 Unternehmen und Organisationen aus der Region eine Crowdfunding-Aktion unterstützt, bei der 1,5 Millionen Euro zusammenkamen, Fördergelder gab es zudem vom Land Nordrhein-Westfalen.

- Tagespässe kosten zehn Euro, Wochentickets 30 Euro und Monatstickets 100 Euro.
- Im Kirchenschiff gibt es rund 80 Arbeitsplätze. In den größten Meetingraum passen 36 Menschen.
- Übernachtungsmöglichkeiten werden nicht vermittelt.
- Internet: Highspeed-WLAN
- Kulinarik: Es gibt einen Kaffee-Vollautomaten mit verschiedenen Kaffeespezialitäten für je 60 Cent und im Kirchenschiff zusätzlich gratis frischen Filterkaffee.
- Barrierefreier Zugang zum Coworking-Space, aber nicht alle Meetingräume sind barrierefrei.

»Unsere Städte sind voll von Orten, an denen man konsumieren
kann, aber sobald man etwas selbst tun möchte, ist man doch sehr
allein«, konstatiert der Unternehmer Reinhard Wiesemann, der
das Unperfekthaus vor knapp 20 Jahren im Gebäude eines ehemaligen Franziskanerklosters in Essen gründete und glaubt, dass
es »großen gesellschaftlichen Nutzen stiftet«. Es versteht sich als
»offener Raum, nicht als abgeschlossener Coworking-Space.« 4000
Quadratmeter verteilen sich auf sieben Etagen, in denen Probe-,
Yoga- und Werkräume, Bühnen, Atelierflächen und Gruppen-
räume zu finden sind; es gibt zwei Dachterrassen, etliche Balkone,
Massagesessel und Club-Events für alle. »Wir bringen Coworker zusammen mit normalen Besuchern, die auch mal als Kunden infrage kommen. Dazu gibt's zahlreiche Angebote, und jede*r
Coworker*in kann auch zu eigenen Angeboten einladen«, erläu-
tert Wiesemann. Der Veranstaltungskalender bietet eine bunte
Mischung von Queer-Treffen über Kalligraphiekurse, Lesungen,
Theater, Brettspieltreffen, Schreibtreffs und Handwerkskurse.
Wiesemann hatte als Jugendlicher in den 70er-Jahren einen Hob-
byraum zum Elektronikbasteln von seinen Eltern zur Verfügung
gestellt bekommen und daraus seine erste Firma entwickelt.
Das Unperfekthaus gründete er als privates Unternehmen, um
auch anderen die Möglichkeit bieten zu können, ihren eigenen,
intrinsisch gewählten Projekten nachzugehen. »Nicht staatlich,
nicht kirchlich, und ja, es soll Geld verdienen! Denn nur dann
ist es dauerhaft stabil, und es werden weitere Projekte finanzier-
bar, ohne dass man irgendwo Förderanträge stellen oder sich ein-
schmeicheln muss.«

In der »Kellerrepublik« gibt es Platz für Modellbauer, Cosplayer und Kostümbildner – und im Haus kann man sich an thematisch sortierten »Giveboxes« kostenloses Material nehmen oder dort Dinge einstellen, die man selbst nicht mehr braucht.

- Tagespass ab 9 Euro, darin enthalten unbegrenzt Cappuccino, Tee, Kakao, Kaffee, Cola, Limo, Schorlen
- Übernachtungsmöglichkeiten gibt es direkt im Gebäude: Das Unperfekthotel bietet Suiten, Doppel- und Einzelzimmer zum Preis zwischen 119 und 199 Euro (inklusive Zugang zum Co-working-Space), das nur als Ganzes buchbare Team-Hotel hat sieben Schlafzimmer, eine Küche und einen eigenen Wellness-Bereich.
- Der größte Meetingraum bietet Platz für bis zu 120 Personen, die angeschlossene Kirche kann Veranstaltungen für bis zu 500 Personen aufnehmen. Das Unperfekthaus ist nicht kirchlich gebunden, aber Gründer Wiesemann hat nach eigenen Angaben die Restaurierung der Kirche bezahlt und darf sie zu etwa einem Drittel der Zeit nutzen.
- Internet: 200 Mbit/s, soll auf 400 Mbit/s erhöht werden
- Kulinarik: Coworker*innen bekommen unbegrenzt alkoholfreie Getränke, daneben gibt es auf allen Etagen ein breites Angebot an Snacks, kleinen Speisen, Bier und Wein, das auf Vertrauensbasis abgerechnet wird. Für größere Veranstaltungen kann man einen Caterer buchen.
- Es gibt einen Aufzug, aber das Gebäude ist nur eingeschränkt barrierefrei.
- Anreise mit öffentlichen Verkehrsmitteln: Vom Hauptbahnhof Essen aus ist das Unperfekthaus durch die Fußgängerzone in wenigen Minuten erreichbar, eine U-Bahn-Station liegt direkt vor der Tür.

Schleswig-Holstein: MindSPOt

Pestalozzistraße 83
25826 St. Peter-Ording
mindspot-spo.de

SPO ist die Abkürzung für das Nordsee-Seebad St. Peter Ording, und wer genau hinschaut, entdeckt die drei Buchstaben auch im Namen des Coworking-Spaces. Von dort sind es nur 850 Meter bis zum Deich und dem Böhler Leuchtturm, einem bei Instagram beliebten Fotomotiv. Der eigentliche Star des Ortes liegt direkt dahinter: Zwölf Kilometer lang, bis zu zwei Kilometer breit, mit feinem, weißem Sand und malerischen Häusern auf Stelzen – wenn die Sonne scheint, kann dieser Strand mit den schönsten der Welt mithalten. Und wenn sie nicht scheint, kann ja gearbeitet werden. MindSPOt startete im April 2021 als Pop-up-Coworking-Space der gemeinwohlorientierten Genossenschaft CoWorkLand (mehr dazu erzählt Ulrich Bähr auf Seite 55 im Interview) und steht vor einem größeren Ausbau. Derzeit gibt es zehn Arbeitsplätze und einen Meetingraum für bis zu 20 Personen, außerdem einen Coworking-Garten. Drei Community-Managerinnen kümmern sich um die Gäste.

- Tagestickets kosten 18 Euro inklusive Flatrate für Biokaffee und Tee. Es gibt auch Monatstickets und ein Flex Desk Special: zum Preis von 270 Euro darf an 20 Tagen gearbeitet werden.
- Direkt nebenan kann übernachtet werden im »Campushus«. Das »Workation«-Paket ist buchbar ab 56 Euro pro Person und Nacht, inklusive Übernachtung, Frühstück und Platz im Coworking-Space. Auch kleine Ferienhäuser für bis zu vier Personen sind mietbar, ab 88 Euro pro Nacht, und größere für bis zu acht Personen (ab 190 Euro pro Nacht).
- Internet: 1000 Mbit/s im Download und 50 Mbit/s im Upload, Glasfaser kommt
- Der Zugang zum Space ist barrierefrei, die Toiletten werden nach einem Umbau barrierefrei zugänglich sein.

- Anreise mit öffentlichen Verkehrsmitteln: In unmittelbarer Nähe hält der Ortsbus. Der nächste Bahnhof ist Bad St. Peter Süd, knapp zwei Kilometer entfernt.

Schleswig-Holstein: Coworking Schlei

Möhlenstraat 7
24392 Kiesby
Coworking-schlei.de

Das Konzept des Coworkings hat Ralf Wiechers schon vor mehr als zehn Jahren im Hamburger betahaus lieben gelernt. Der studierte Kommunikationsdesigner ist Spezialist für die Blog-Software WordPress. 2014 brach er auf, um als digitaler Nomade die Welt zu entdecken. Vier Jahre lang war er unterwegs, testete alle möglichen Coworking-Spaces und Co-Living-Angebote – und dann zog es ihn wieder in seine Heimat: die Schlei-Region.

Die Schlei ist ein eiszeitlich geschaffener Meeresarm der Ostsee, 42 Kilometer mäandert sie durch den Norden Schleswig-Holsteins. Malerische Häfen und maritime Örtchen säumen die Ufer, vor tausend Jahren siedelten hier die Wikinger. »Da ich jeden Sommer so oder so in den Norden von Schleswig-Holstein zurückgekehrt bin, entstand die Idee, hier einen Coworking-Space zu eröffnen«, sagt Wiechers. »Die Ruhe und Schönheit der Natur entschleunigen so schön. Und es gibt viel Platz für sportliche Aktionen an Land und auf oder im Wasser.«

Gemeinsam mit Mitgründerin Gabriele Franke und zahlreichen fleißigen Helfern hat er ein altes Bauernhaus zum modernen Coworking-Space umgestaltet – nur wenige Kilometer entfernt von dem bekannten Fachwerkhaus aus der TV-Serie »Der Landarzt«.

- Tagestickets kosten 20 Euro, Zehnerkarten 180 Euro. Ein Monatsabo mit 24/7-Zugang gibt es für 199 Euro. Flatrates für Kaffee und alkoholfreie Getränke können dazugebucht werden.
- Gearbeitet werden kann an sechs höhenverstellbaren Schreibtischen in drei Arbeitszimmern. Für längere Telefonate sind schallisolierte Kabinen geplant.
- Der Meetingraum hat Platz für acht Personen und ist mit Monitor und Meeting-Cam für hybride Meetings ausgerüstet.
- Übernachtungsmöglichkeiten in kleinen Apartments und Doppelzimmern in einer Co-Living-Wohngemeinschaft sind geplant
- Internet: Glasfaseranschluss. Das WLAN deckt den ganzen Garten ab.
- Kulinarik: Es gibt einen Kaffeevollautomaten für espressobasierte Kaffeespezialitäten mit und ohne Milch, eine große Auswahl an losem (Bio-)Tee und alkoholfreien Getränken, dazu Säfte aus der benachbarten Süßmosterei und regionales Bier.
- Eine Snackbox und hausgemachte Kleinigkeiten helfen gegen den Hunger zwischendurch, ansonsten gilt Selbstversorgung. Dafür steht eine vollausgestattete Küche zur Verfügung. Mittwochs kommen verschieden Verkaufswagen auf den Hof: Eier, Nudeln, Fisch, Backwaren und Fleischprodukte aus der Region können dort direkt von den Erzeugern erworben werden.
- Nicht barrierefrei.
- Anreise mit öffentlichen Verkehrsmitteln: Der Hof liegt an einer Kreuzung mit vier Bushaltestellen, an denen Linienbusse von und nach Kappeln und Süderbrarup halten. Zum Bahnhof Süderbrarup sind es knapp fünf Kilometer. Die Region nimmt an einem Mobilitäts-Pilotprojekt teil; für zwei Euro pro Person kann ein On-demand-Taxiservice genutzt werden, der Fahrgäste direkt bis zum Hof bringt.

Dorfstraße 15
25566 Lägerdorf
alsenhof.de

Mit dem Auto sind es von Hamburg aus nur rund 45 Minuten bis zum denkmalgeschützten Alsenhof in Lägerdorf. Betrieben wird er von einer Genossenschaft, die den Hof als »Labor für nachhaltige, innovative und offene Lebens- und Arbeitswelten« begreift. Den Gründer*innen sind Themen wie Klimawandel, nachhaltige Mobilität und Ernährung wichtig. »Wir sehen die Wirtschaft als das Werkzeug des Menschen und nicht umgekehrt«, sagt Mitgründer Heiko Kolz. Im Wohnhaus gibt es zehn Zimmer, Wohnzimmer, Küche, Terrasse und Garten werden geteilt. Da die Genossenschaft aber eher an Menschen interessiert ist, die langfristig auf dem Alsenhof leben wollen, werden Übernachtungsgäste nur auf Anfrage beherbergt. Tagesgäste und Camper sind dagegen gern gesehen, die Bewohner freuen sich auf Ideenaustausch. Für Coworker stehen acht Arbeitsplätze zur Verfügung – unter anderem in einem Gewächshaus. Die Genossenschaft würde gern den riesigen Heuboden ausbauen und dort Werkstätten, weitere Arbeitsplätze, ein Café und eine Eventhalle einrichten.

- Tagespässe kosten 15 Euro, Wochenkarten 60 Euro, Monatspässe 200 Euro netto.
- Übernachtungen nur auf Anfrage. Für Camper und Wohnwagen gibt es Stellplätze mit Stromanschluss und sanitäre Anlagen.
- Es gibt zwei Meetingräume, einen für sechs und einen für bis zu 50 Personen. In den Veranstaltungsräumen können bis zu 150 Menschen zusammenkommen.
- Internet: Glasfaseranschluss.
- Kulinarik: Kaffee ist immer da. Im Kreativcafé gibt's hin und wieder Kuchen. Für Veranstaltungen wird ein Catering angeboten.

- »Nicht barrierefrei, aber auf dem Gelände sind immer Menschen zum Helfen«, sagt Heiko Kolz.
- Anreise mit öffentlichen Verkehrsmitteln: Der nächste Bahnhof ist Itzehoe, von dort aus geht es weiter mit dem Bus, dieser fährt an Werktagen einmal pro Stunde, an Wochenenden unregelmäßig. »Die meisten Gäste kommen mit Auto, sprechen sich ab und nehmen andere mit«, sagt Heiko Kolz.

Schleswig-Holstein: Cobaas

Baasberg 1
(im Navi besser "Am Schützenplatz 11" eingeben)
24211 Preetz
cobaas.de

Der kleine Luftkurort Preetz in der Holsteinischen Schweiz ist ein beliebter Ort für Wassersportler*innen, Radler*innen und Angler*innen. Thomas Wick und seine Frau Petra Weydmann haben eine alte Musikschule am Kirchsee zu einem Zufluchtsort für Coworker umgebaut und auf dem 3000 Quadratmeter großen Seegrundstück zusätzlich Holzpavillons zum Arbeiten errichtet. Wer will, kann mittags eine Runde um den See laufen, sich ein Kanu mieten oder schwimmen. Und zum nächsten Ostseestrand sind es auch nur 25 Kilometer.

- Tagespässe gibt es ab 18 Euro. Für Workation-Aufenthalte stehen sechs Ferienwohnungen und ein Ferienhaus direkt am Kirchsee mit vier Schlafzimmern zur Verfügung. Eine Übernachtung mit zwei Arbeitstagen im Coworking-Space gibt es ab 150 Euro.
- Es stehen bis zu 20 Arbeitsplätze zur Verfügung. In den Meetingraum passen bis zu acht Personen.

- Internet: Download 300 Mbit/s, Upload 165 Mbit/s
- Kulinarik: Filterkaffee und Wasser steht immer zur Verfügung. Auf Wunsch kann ein Catering angeboten werden.
- Nur in Teilbereichen barrierefrei
- Anreise mit öffentlichen Verkehrsmitteln: Mit dem Zug bis Preetz, vom Bahnhof aus sind es rund zehn Minuten Fußweg.

Schleswig-Holstein: Nordort

Strandpromenade
24340 Eckernförde
beachnow.de oder
ostseebad-eckernfoerde.de

Ist das nun ein Strandkorb-Büro? Eine Designkabine? Wie man die kleine Hütte auf Stelzen auf dem Strand des Ostseebads Eckernförde auch nennen mag, direkter kann ein Arbeitsplatz nicht am Meer liegen. Die Ausstattung ist spartanisch: Bank, Tisch, Lampe, Steckdose. Umso überwältigender ist dafür der Blick durch die Panoramascheibe auf Sand, Strandkörbe und Ostsee. Das Minibüro muss vorab online gebucht werden und lässt sich dann per App öffnen.

- Es stehen verschiedene dreistündige Zeitslots zur Verfügung für je 29 Euro. Eine Tagesmiete kostet 55 Euro.
- Am Strand gibt es öffentliches WLAN. Wer auf Nummer sicher gehen will, benutzt eine VPN-Verbindung – oder nimmt sich eine Arbeit vor, für die nicht unbedingt Internet gebraucht wird.
- Wer den Strand gar nicht mehr verlassen will, kann wenige Meter weiter auch in einem 1,20 Meter breiten Schlafstrandkorb übernachten. Nachts kann der Korb mit einer Persenning (Bootsplane) mit Guckloch ganz geschlossen werden. Eine Übernachtung kostet 70 Euro, Decken und Kopfkissen müssen allerdings selbst mitgebracht werden.

Österreich, Tirol: Mesnerhof-C

Steinberg 4
A-6215 Steinberg
am Rofan
mesnerhof-c.at

Die österreichische Zeitung *Der Standard* bezeichnet den Mesnerhof-C als »eine der ersten Adressen für Neues Arbeiten auf dem Land«. Hier haben sich schon Konzerne wie Google, Adidas, Airbnb oder Daimler eingemietet. Auch aus den USA und Abu Dhabi waren schon Teams zu Gast.

Der Hof ist 400 Jahre alt, Georg Gasteiger hat ihn 2013 vor dem Verfall gerettet und zum schicken Retreat umgebaut mit Fußbodenheizung, Glasfaser-Internetanschluss, Gemeinschaftsküche und Kaminofen mit Bullauge. »Das C im Namen steht für Creation, Concentration, Communication, aber auch Cabin, Camp und Community«, erklärt Gasteiger. »Und ganz unromantisch dient es in Suchmaschinen als Unterscheidungsmerkmal von den Hunderten Mesnerhöfen, die es in ganz Österreich gibt.«

Gasteiger stammt aus Tirol, nach seinem Wirtschaftsstudium in Wien hat er unter anderem für die Förderbank aws gearbeitet. Neben seinem Job als »Superhost« auf dem Mesnerhof-C arbeitet er als Sensenmähtrainer – und zeigt den Wienern, wie sie ihre Gärten per Hand mit der Sense mähen können.

Gebucht werden können ein Selbstversorger*innenhaus für zehn Personen und eine ehemalige Heutenne, die im Erdgeschoss einen 170 Quadratmeter großen Workshopraum beherbergt, und im Obergeschoss elf jeweils abgeschlossene »Schlafnester« mit Platz für 27 Personen.

- Die Grundpauschale für das Selbstversorgerhaus beläuft sich auf 370 bis 470 Euro pro Nacht für acht Personen. Die Heutenne ist werktags mietbar ab 790 Euro pro Nacht für 16 Personen. Tagesgäste können sich ab 15 Euro pro Tag einmieten.

- Internet: Es gibt einen Glasfaseranschluss.
- Kulinarik: »Jeder, der bei uns einen Aufenthalt bucht, bekommt eine Liste mit der Ausstattung unserer beiden Küchen und Adressen von Bäcker, Metzger, Restaurants und Mietköchen«, sagt Gasteiger. Getränke können aus dem Lager des Hofs entnommen werden. Jede Gruppe notiert selbst, was sie konsumiert. »In guests we trust« ist das Motto.
- Nicht barrierefrei
- Anreise mit öffentlichen Verkehrsmitteln: Der nächste Regionalbahnhof ist Jenbach, von dort geht es weiter mit dem Bus. Die Fahrt ist im Zugticket inkludiert, dauert aber je nach Verbindung eine bis eineinhalb Stunden. Dafür werde man mit einer »wunderschönen Fahrt entlang des Achensees und durch Wälder belohnt", sagt Gasteiger.

| Österreich, Salzburger Land: Tauglerei | Am Dorfplatz 31 5423 St. Koloman, Österreich tauglerei.at |

Sara und Patrick Sellier haben in München als Verleger und Onlineunternehmerin gearbeitet – bis sie sich in Österreich in das Bergdörfchen St. Koloman verliebten. Dort haben sie das 400 Jahre alte Dorfgasthaus wiederauferstehen lassen – als Coworking-Space mit Café und Yogaraum, Aryuveda- und Qigong-Zentrum. In der Mittagspause mal eben schnell eine Skitour machen? Hier ist das möglich.

- Tagespässe für den Coworking-Space gibt es ab 25 Euro. »Wir sind aber eigentlich spezialisiert auf Gäste, die bei uns auchwohnen«, sagt Patrick Sellier.

- Es gibt fünf Ferienwohnungen im Haus und direkt nebenan ein Gasthaus, das nochmal 20 Zimmer bietet. Die Ferienwohnungen sind buchbar ab 65 Euro pro Nacht inklusive Arbeitsplatz im Coworking-Space, auf Wunsch können auch Pakete mit Yoga- oder Qigong-Unterricht und ayurvedischem Essen gebucht werden.
- Im Coworking-Raum gibt es acht Arbeitsplätze, einen Raum für Teams mit weiteren zwei bis vier Arbeitsplätzen und einen großen Meetingraum für bis zu 24 Personen an einem Tisch, oder für bis zu 50 in Stuhlreihen.
- Internet: 100 Mbit/s
- Kulinarik: Das gastronomische Angebot ist eine Mischung »zwischen Ayurveda und österreichischer Bergküche«.
- Anreise mit öffentlichen Verkehrsmitteln: Direkt vor dem Haus hält stündlich ein Bus aus Hallein.

Österreich, Steiermark: Waag 5
Emma Wanderer   8920 Hieflau
Remote Work Campus   emmawanderer.com

Der »erste Remote Work Campus« in Österreich, der erst 2023 eröffnet hat, befindet sich am Eingang zum Nationalpark Gesäuse mitten in der Natur. Das 18 000 Quadratmeter große Gelände soll der Prototyp einer neuen Workation-Destination sein, das Team um CEO Andreas Jaritz will europaweit Standorte aufbauen.

»Die Idee zu Emma Wanderer entstand während der Covid-Lockdowns, als klar wurde, dass Remote Work bleiben und die Arbeitswelt nachhaltig flexibilisieren wird«, sagt er. Mitgründerin Julia Trummer kommt aus der Hotellerie und hat europaweit

Vier- und Fünfsterne-Konzepte entwickelt; alle Gründer verstehen sich als Teil der »internationalen Digital-Nomad-Szene« und haben auch früh mit Remote-Work-Konzepten für digitale Nomad*innen und Unternehmen experimentiert.

Bei »Emma Wanderer« gibt es Tiny Houses aus Holz, Van- und Wohnmobilstellplätze, eine Lounge, ein Café und Teamräume.

- Emma hieß der erste VW Camper des Co-Founders Andreas, der den Camping-Klassiker nach seiner Großmutter taufte. »Wanderer spricht für sich selbst«, sagt er, »sowohl auf Englisch wie auch im Deutschen.« Grundsätzlich ist beim Tagespass im Coworking-Bereich immer die Übernachtung inkludiert. Auf der Campsite ab 43 Euro, ein Tiny House in Doppelbelegung gibt es ab 140 Euro. Es gibt auch Tiny Houses für Familien. Insgesamt sollen 50 Tiny Homes mit 120 Betten zur Verfügung stehen. Dazu fasst die Campsite 30 Fahrzeuge.
- Es gibt 66 Arbeitsplätze, der größte Meetingraum fasst 50 Personen.
- Internet: 100 Mbit/s Glasfaserleitung
- Kulinarik: Es gibt Frühstück, Mittagsmenüs und den ganzen Tag über Snacks und kleine Mahlzeiten und Heiß- wie Kaltgetränke aus dem Café. Für Gruppen gibt es auch spezielles Catering sowie Grill- aber auch eigene Kochmöglichkeiten in einer Gemeinschaftsküche.
- Das Erdgeschoss des Coworking-Space ist barrierefrei.
- Anreise mit öffentlichen Verkehrsmitteln: Vom Bahnhof Liezen oder Hieflau aus bietet der Coworking-Space einen Shuttleservice an. Der Campus ist zweieinhalb Stunden von Wien und anderthalb Stunden von Graz entfernt.

Schweiz, Bern:
Effinger Kaffeebar
& Coworking-Space

Effingerstrasse 10
3011 Bern, Schweiz
effinger.ch

Zum Coworken muss man sich im Effinger nicht anmelden - vorbeikommen kann man jederzeit zu den Öffnungszeiten montags bis freitags von 8 bis 18 Uhr. Einführungen gibt es allerdings nur vormittags.

Der Effinger, 2016 eröffnet, ist ein gemeinschaftlich geführter Coworking-Space und eine Kaffeebar in Bern, die sich als »innovative und kreative Community für Jungunternehmer*innen, Kreative und andere Weltveränderer« versteht. Der Verein Coworking Community Bern betreibt den Coworking-Bereich im Effinger und ist Mieter für das Gebäude, die Effinger Kaffeebar GmbH ist Untermieterin beim Verein. »Hier treffen sich Menschen aus verschiedenen Bereichen und schaffen ein Netzwerk, das uns beruflich und persönlich weiterbringt. Der Effinger bietet eine Heimat für Menschen, die ihre Ideen in Unternehmen, Innovationen und sozialen Aktionen umsetzen möchten«, sagt Stefan Niederhauser vom Effinger. Der selbstorganisierte Verein ist stolz auf seine lebendige und hilfsbereite Community.

- Ein Tagespass kostet 35 Schweizer Franken pro Tag, für einen halben Tag sind 20 Franken fällig. Im Abo wird es günstiger.
- Übernachtungsmöglichkeiten gibt es derzeit noch nicht.
- Der Effinger bietet Platz für rund 40 bis 50 Coworker und hat Meetingräume für bis zu 30 Personen
- Die Frage nach der Internetgeschwindigkeit beantwortet das Effinger-Team so: »Das Internet ist schnell genug. Die Ideen sprudeln aber noch immer aus den Köpfen!«

- Kulinarik: In der Kaffeebar gibt es Kaffeespezialitäten und einfache Mittagsmenus. In der gut eingerichteten Küche wird auch regelmäßig gemeinsam gekocht.
- Der Coworking-Space ist barrierefrei – man kann sich gern kurz vor Ankunft melden, wenn man Unterstützung wünscht.
- Die Anbindung an den öffentlichen Nahverkehr ist gut. Der Effinger liegt gleich beim Berner Hauptbahnhof.

Schweiz, St. Gallen
Macherzentrum Toggenburg

Postgasse 1
9620 Lichtensteig
macherzentrum.ch

Lichtensteig ist eine Kleinstadt im Schweizer Kanton St. Gallen, rund 20 Kilometer vom Zürichsee entfernt. »Städtli mit Charme«, nennt sie sich und das scheint zu passen, wenn man sich die Bilder ansieht: Kopfsteinpflaster, Fachwerkhäuschen, plätschernde Brunnen, drum herum grüne Wiesen. Genau wie Homberg/Efze und Wittenberge will sich Lichtensteig als Wohnort für Digitalarbeiter*innen in Szene setzen und macht deshalb 2023 mit beim »Summer of Pioneers«. Einen Coworking-Space gibt es dort schon: das Macherzentrum.

- Tageskarten gibt es ab 30 CHF, Monatskarten ab 320 CHF. Auf Anfrage gibt es auch kostenlose Probe-Arbeitstage.
- Übernachtungen müssen selbst organisiert werden. Zimmer vermietet zum Beispiel das Café Huber direkt nebenan.
- Es gibt zwei Meetingräume für bis zu vier und bis zu zwölf Personen.
- Internet: Highspeed, 5G-Glasfaser
- Barrierefrei

- Kulinarik: Kaffee gibt es im Coworking-Raum, in der unmittelbaren Nachbarschaft alle möglichen Restaurants.
- Anreise mit öffentlichen Verkehrsmitteln: Mit dem Zug bis zum Bahnhof Lichtensteig. Von dort sind es rund 800 Meter bis zum Macherzentrum, ein Bus hält direkt vor der Tür.

Schweiz, Wallis   Matterstraße 23
Pura Worka Zermatt   3920 Zermatt
                                   puraworka.com/de/

Das 4478 Meter hohe Matterhorn hat das einst arme Bergdorf Zermatt berühmt und reich gemacht. Das Dörfchen im Schweizer Kanton Wallis ist bekannt für sein großes Ski- und Wandergebiet, Top-Hotels, hervorragende Restaurants, eine 500 Meter lange Hängebrücke - und eine komplett autofreie Innenstadt.

Wer hier nicht nur Urlaub machen will, kann auch im Coworking-Space arbeiten. Den gibt es seit 2017. »Wir hatten von Anfang an eine gemeinsame Vision«, sagt Mitgründer Neil Beecroft. »Wir wollten einen Ort schaffen, an dem sich Einheimische, Auswander*innen und Tourist*innen treffen und über innovative und nachhaltige Ideen austauschen können.« Ihn selbst begeistern vor allem die vielen Freizeitmöglichkeiten vor Ort, von Wandern über Mountainbike oder Skifahren bis zu Yogaunterricht oder Wakeboarden auf dem Schalisee. »Unsere Coworker können morgens arbeiten und nachmittags aktiv sein - oder umgekehrt. Jeder entscheidet selbst!«

- Tagespässe gibt es ab 50 CHF, Gäste des Hotels Zermama dürfen die Arbeitsplätze gratis nutzen.
- Zimmer im Hotel Zermama kosten im Schnitt rund 300 CHF pro Nacht.

- Es gibt 36 Arbeitsplätze im Coworking-Space. Für Events kann dieser umgebaut werden, dann finden dort rund 60 Menschen Platz.
- Im Weinkeller findet sich ein Meetingraum für bis zu zwölf Personen.
- Internet: Highspeed (Glasfaser)
- Kulinarik: Kaffee, Tee und Säfte gibt es gratis, in der Küche des Hotels Zermama kann täglich von 7 bis 22 Uhr Essen bestellt werden.
- Barrierefrei
- Anreise mit öffentlichen Verkehrsmitteln: Zermatt ist für Autos gesperrt. Der Bahnhof ist nur fünf Gehminuten entfernt. Es gibt aber auch Elektro-Taxis und -Busse.

Schlusswort

Holen wir die Arbeit der Zukunft in die Gegenwart!

Hier endet nun also unsere gemeinsame Reise. Sie waren mit uns in Nordhessen und in der Prignitz, im Havelland, in der Lausitz und in der Karibik. Sie haben mit uns hineingespäht in Hütten und vielleicht nicht gerade in Paläste, aber doch in luxuriös anmutende Wohnwagen und Segelboote. Wir waren in den Bergen und am Meer, auf der Straße und in lauschigen Gärten.

Wir haben für dieses Buch mit mehr als 100 Menschen gesprochen. Menschen, die den Slogan »Arbeit der Zukunft« schon jetzt in die Gegenwart geholt haben und ihn mit Leben füllen. Nicht alle haben IT-Berufe oder machen »irgendwas mit Medien«, auch eine Augenärztin ist dabei, ein Beamter, ein Manager. Es sind Menschen, die nicht bereit sind, nur für die Miete oder die Abzahlung eines Kredits zu arbeiten. Menschen, die sich nicht einengen lassen wollen von Trennwänden im Großraumbüro. Die groß denken und ihre Träume verfolgen, trotz aller Widerstände.

Ihre Geschichten, ihre Tipps und Hinweise haben wir hier zu Papier gebracht. Und wir haben selbst ausprobiert, welche Möglichkeiten die neue Freiheit des Arbeitens mit sich bringt – und welche Schwierigkeiten: Vom sechsmonatigen Selbstversuch im Co-working- und Coliving-Projekt im nordhessischen Homberg über eine Workation mit Gleichgesinnten in Portugal bis zu neuen Formen der Zusammenarbeit im Homeoffice mit »Silent Coworking«.

Wir lernten: Freiheit kann auch anstrengend sein. Denn: Wo

nichts mehr verbindlich gegeben ist, ist die Eigenleistung bei der Einrichtung des eigenen Lebens deutlich höher. Dann geht es nicht mehr darum, ob man beim weiteren Fortschreiten auf dem Karriereweg das schönere Eckbüro bekommt oder den höhenverstellbaren Schreibtisch. Dann geht es ums große Ganze: Wie und wo will ich arbeiten, mit wem und auf welche Weise? Passt das alles noch oder muss ich etwas ändern?

Mit dem perfekten Arbeitsplatz mag es sich ähnlich verhalten wie mit der Ergonomie, der optimalen wechselseitigen Anpassung zwischen dem Menschen und seinen Arbeitsbedingungen: Entscheidend ist die eigene Beweglichkeit. Eine gute Physiotherapeutin würde sagen: Die beste Haltung ist immer die nächste. Will sagen: Starres Verharren führt zu Anspannung und einseitiger Belastung, die der Gesundheit auf Dauer schadet.

Beim Schreibtischstuhl mag es noch einfach sein, die richtigen Einstellungen für das eigene Wohlbefinden zu ermitteln; wenn aber die gesamte Umgebung auf dem Prüfstand steht, wird die Sache deutlich komplexer. Deshalb ist Orientierung so wichtig: Welche Möglichkeiten gibt es überhaupt, wie sieht die Sache rechtlich aus, welche Praxistipps helfen weiter?

Der perfekte Arbeitsplatz ist immer eine Momentaufnahme: Es passt gerade jetzt, in dieser Lebensphase, für diesen Job, für diese Person, mit diesen Aufgaben. Das ist die vielleicht wichtigste Erkenntnis, die wir selbst bei der Recherche für dieses Buch gewonnen haben und hoffentlich auch Ihnen vermitteln konnten. Und die gute Nachricht ist: In der Arbeitswelt ist viel weniger schicksalhaft gegeben als noch vor einigen Jahren.

Das heißt nicht, dass wir nun alle im Van über die Landstraßen cruisen, uns auf Almhütten zurückziehen oder mit neuen Kolleg*innen das soziale Leben einer Kleinstadt neu erfinden müssen. Aber wir könnten, wenn wir das wirklich wollten.

Deshalb: Bleiben Sie in Bewegung. Bleiben Sie neugierig auf sich selbst und auf die Möglichkeiten, die Ihnen das Arbeitsleben (und damit das Leben selbst) bietet. Wenn man nah genug herangeht, sieht man: Vieles, was in Stein gemeißelt scheint, ist doch nur mit Kreide darauf geschrieben – und kann neu gedacht, neu interpretiert, neu formuliert werden.

Wir haben Ihnen hoffentlich eine Orientierung gegeben, wohin für Sie ganz persönlich die Reise gehen könnte. Und wir würden uns freuen, wenn Sie Ihre Erfahrungen mit besonderen Arbeitsorten mit uns teilen. Schreiben Sie uns gern!

Verena Töpper und Maren Hoffmann

Verena.Toepper@spiegel de
Maren.Hoffmann@spiegel.de

Service

Literatur und weiterführende Links

Landleben

Sechs Gemeinden in Deutschland und eine in der Schweiz haben schon mitgemacht, jedes Jahr kommen neue hinzu: Beim »Summer of Pioneers« können Großstädter das Leben auf dem Land für sechs Monate testen. Unterkunft und ein Arbeitsplatz im Coworking-Space werden gestellt.

neulandia.de/summer-of-pioneers

Wittenberge in Brandenburg war 2019 der erste Standort des »Summer of Pioneers«. Aus dem Projekt ist die Gemeinschaft der »Elblandwerker« entstanden, in der sich mehr als 50 Menschen engagieren und regelmäßig zu Veranstaltungen einladen. Wer Wittenberge und die Elblandwerker*innen kennenlernen will, kann für eine Woche zum Probewohnen vorbeischauen für 125 Euro (WG-Zimmer) oder 175 Euro (Zweizimmerwohnung). Ein Arbeitsplatz im Coworking-Space ist inklusive.

elblandwerker.de/project/community-wohnungen

Auch im nordhessischen Homberg/Efze freut man sich über Besucher*innen: »Marktcampus« heißt dort das Nachfolgeprojekt des »Summer of Pioneers«. Ob für einen Tag, eine Woche oder gleich mehrere Monate, geboten wird »eine Wundertüte an Möglichkeiten, um Arbeit und Freizeit auf dem Land zu kombinieren«. Einen Monat Probewohnen gibt es ab 150 Euro pro Person, inklusive Arbeitsplatz im Coworking-Space.

marktcampus-homberg.de

Die »Raumpioniere« sind ein Netzwerk von und für Menschen, die sich für ein Leben in der Oberlausitz, in Westmecklenburg, der Prignitz und Vorpommern interessieren. Die »Raumpioniere Oberlausitz« organisieren zum Beispiel »Landebahnen für Landlustige«, bei denen sich potenzielle Zuzügler*innen und Rückkehrer*innen über das Leben vor Ort informieren und erste Kontakte knüpfen können. Das Motto lautet: Willkommen in unserer schönen Pampa!

raumpioniere-oberlausitz.de

Coworking-Spaces

Die gemeinwohlorientierte Genossenschaft CoWorkLand versteht sich als Netzwerk und Buchungsplattform für Coworking-Spaces auf dem Land und eröffnet auch immer wieder Pop-up-Coworking-Spaces. Eine Übersicht über aktuelle Projekte und die Coworking-Spaces der Mitglieder gibt es auf der Website.

coworkland.de/de/spaces

Der Verband Coworking Switzerland wurde schon 2015 in Zürich gegründet, zum Netzwerk gehören mittlerweile Dutzende Coworking-Spaces in der ganzen Schweiz und in Liechtenstein. Regelmäßig finden Veranstaltungen statt, über eine Karte lassen sich die Coworking-Spaces lokalisieren.

Coworking.ch

Ob Coworking-Space, ein Ort für eine Workation oder ein Maker Space für handwerkliche Projekte – auf dieser Seite sind Anbieter in ganz Deutschland, aber auch in der Schweiz, Österreich, Italien und Dänemark verzeichnet.
Coworkingmap.de

In dem 2019 gegründeten Verein Coworkation Alps sind rund 50 Mitglieder wie Gemeinden oder Touristikanbieter zusammengeschlossen. Wer sich für eine Workation in den Alpen interessiert, wird hier fündig.
coworkation-alps.eu

Der Bundesverband Coworking-Spaces Deutschland gibt das Magazin »#spaces« heraus, in dem besondere Arbeitsorte vorgestellt werden. Es gibt keine Übersichtskarte, dafür aber ausführliche Texte über die einzelnen Coworking-Spaces.
Coworking.jetzt

Dorothea Gebauer, Jürgen Jakob Kehrer, *Coworking: aufbrechen, anpacken, anders leben: Herausforderung und Chance für Gemeinden und Organisationen*, Vandenhoeck & Ruprecht, 2021.

Arbeiten von unterwegs

»Camp, work and connect« ist das Motto der »Camper Nomads«, einer kostenpflichtigen Onlinecommunity von und für Menschen, die sich für alles rund ums Thema Camping und Arbeiten unterwegs interessieren.
campernomads.net

Welche Stadtviertel sind in Da Vang in Vietnam angesagt, was kostet dort eine Wohnung, und ist das Internet schneller als in Ubud auf Bali? Antworten auf solche Fragen finden sich auf NomadList, einer globalen Onlinecommunity digitaler Nomaden. Wer sich registriert, kann zudem in Kontakt treten mit anderen Mitgliedern, Fragen stellen und eigene Beiträge verfassen.

nomadlist.com

Bildnachweis

Kristin Haug
Verena Töpper

Mittagspause auf dem Mekong

Auswanderer über ihr neues Leben in 28 Ländern

SPIEGEL
Buchverlag

»Achtung, Fernweh-Katalysator!« *Walden*